ライブラリ新数学大系＝E12

理工基礎 代数系

佐藤　篤・田谷久雄　共著

サイエンス社

サイエンス社のホームページのご案内
http://www.saiensu.co.jp
ご意見・ご要望は　rikei@saiensu.co.jp　まで.

まえがき

　本書のタイトルにある代数系とは，ある性質（公理）をみたす演算の定まった集合のことである．演算のみたす性質（公理）によって集合に構造が与えられるため，代数的構造をもつ集合とも呼ばれる．本書では，まず数学を扱う上で必要となる"言語"を準備し，整数の性質を初心に返って確認する．そして，この整数という集合の代数的構造を一つのモデルとして捉え，代表的な代数系である群と環の基本事項を取り扱う．

　具体的には，第1, 2章で数学を記述する上で欠かせない集合，写像，同値関係および商集合について述べる．ここで書かれていることはその後の章で，特別な場合を除き，断りなく利用していく．第3章では整数の基本的な性質を述べる．数学に不慣れな読者はこの章を通して，第1, 2章で定義された用語・記号の使い方や数学における厳密な証明というものを理解して頂ければと思う．第4章では群の基本事項を扱う．ここで初めて代数系が登場する．ベースとなるものは整数において加法だけに注目した代数系である．なお，本書は他書と比べると厳選された項目に頁数を割いている．これは基本的概念を丁寧に説明するためと，ある条件からある性質が従う場合に，その条件が成り立たない場合にはどうなるか，ということにも触れているためであり，これが本書の一つの特徴である．第5章では可換な群の代数的構造を述べた（有限生成）アーベル群の基本定理，および，指標群を扱う．他の章では高校程度の数学を知っていれば理論を追うことはできるように書いているが，この章では線形代数学は既知として話を進める（他の章でも理解を深めるために与えた例の中で線形代数学を必要とする部分はある）．第6章では環の基本事項を述べる．ここでもベースとするものは加法と乗法をもつ集合としての整数という代数系である．群の章と同様な特徴のもとで書かれており，定義から命題や定理の証明へと単純に進むのではなく，細かい注意も与えているため紙数は多くなっている．この章では環の特別な場合として体も取り上げているが，いわゆる体論は扱っていない．なお，大学のカリキュラムによっては環から習う読者もいると考え，第4,

5 章を飛ばして，第 6 章からでも読めるように配慮して書いている．そのため，順番に読み進めた読者には記述が詳しすぎる部分も多い．そのような場合には証明などは読まずに自分で考えてみることをお勧めする．

　本書は理工系で学ぶ代数系の初学者を対象に（数学以外の分野を目指す人，数学が専門で教員を目指す人なども含めて），数学を扱う上での基本，および，整数の性質から派生する代数系の基礎事項の習得を目的として書かれている．そのため，群や環の代数系については本書で扱われていないことでも重要なことはある．しかし，本書で基本事項を押さえておけば，その先に進むことは難しいことではない．是非本書で基本事項を身に付けて頂きたい．

　本書では，定義や命題，定理，問などの番号を章毎に通し番号とした．そのため章によっては大きな番号が付いているが驚かないで欲しい．通し番号の方が引用箇所を探しやすいと考えたからである．本書の分担は，第 1 から 3 章，第 4 章の 4.9 節，および，第 5 章を佐藤が担当し，第 4 章の 4.1 から 4.8 節とその章末問題，および，第 6 章を田谷が担当した．執筆したものはお互いに確認し合い，ある程度の統一は図ったが，文体や拘り等違う部分はそのままとし，それぞれの個性を残した．これも一つの趣として味わって頂きたい．

　なお，紙面の都合上，本書の問や演習問題の解答はサイエンス社の URL
　　　http://www.saiensu.co.jp
にある「サポートページ」からダウンロードできるようにしている．

　最後に，本書の執筆の機会を与えて下さったライブラリ新数学大系の編者である早稲田大学名誉教授の足立恒雄先生に心よりお礼を申し上げたい．また，原稿完成までに東日本大震災を経験するなど長い時間を要したが，辛抱強く待ちながら常に執筆が進むよう支え下さったサイエンス社の田島伸彦氏，編集や校正に丁寧にご対応下さった平勢耕介氏に深い感謝の意を表したい．本書の完成が近づくにつれ，夫として父として家族にも迷惑をかけたが，見守り支えてくれた家族にも感謝を述べたい．

2017 年 12 月　　　　　　　　　　　　　　　　　　著者を代表して
　　　　　　　　　　　　　　　　　　　　　　　　　田谷　久雄

目　次

1　集合と写像　　1

1.1　集　　合 …………………………………… 1
1.2　写　　像 …………………………………… 3
1.3　集　合　算 ………………………………… 8
1.4　配置集合と巾集合 ………………………… 12
1.5　集　合　の　直　積 ………………………… 12
演 習 問 題 ……………………………………… 13

2　同値関係と商集合　　14

2.1　類別と同値関係 ……………………………… 14
2.2　同値類と代表元 ……………………………… 15
2.3　商　集　合 …………………………………… 18
演 習 問 題 ……………………………………… 20

3　整　　数　　22

3.1　除　法　定　理 ……………………………… 22
3.2　約　数　と　倍　数 ………………………… 26
3.3　素数と素因数分解 …………………………… 33
3.4　数　の　合　同 ……………………………… 35
演 習 問 題 ……………………………………… 40

4 群　　41

- 4.1 演算と半群 ... 41
- 4.2 群の定義 ... 44
- 4.3 部分群 ... 51
- 4.4 対称群 ... 59
- 4.5 剰余類 ... 68
- 4.6 正規部分群と剰余群 ... 74
- 4.7 群の準同型写像 ... 79
- 4.8 巡回群 ... 92
- 4.9 群の直積 ... 95
- 演習問題 ... 100

5 アーベル群　　102

- 5.1 $\mathbb{Z}^n$ の部分群 ... 102
- 5.2 有限生成アーベル群 ... 110
- 5.3 指標群 ... 115
- 演習問題 ... 122

6 環と体　　123

- 6.1 環の定義 ... 123
- 6.2 部分環 ... 136
- 6.3 イデアル ... 145
- 6.4 剰余環 ... 153
- 6.5 環の準同型写像 ... 157
- 6.6 環の直積 ... 164
- 6.7 素イデアルと極大イデアル ... 169
- 6.8 ユークリッド環 ... 172

6.9 素元と既約元 176
6.10 一意分解整域 183
演習問題 192

参考文献　　　　　　　　　　　　　　　　　　　194

索　　引　　　　　　　　　　　　　　　　　　　196

本書の問や演習問題の解答はサイエンス社の URL
http://www.saiensu.co.jp
にある「サポートページ」からダウンロードできる．

第1章

集合と写像

現代の数学は集合と写像の言葉を用いて記述される．本章で述べるのは，現代数学を学ぶ上で最低限必要とされる言葉の定義と基本的な性質である．以下で定義する用語や記号は，次章以降で断りなく用いられる．

1.1 集合

ものの集まりのことを**集合**という．ただし，あるものがその集合に属するか属さないかは明確に定まらなければならない．集合に属しているものをその集合の**元**（または**要素**）という．x が集合 X の元であることを $x \in X$ または $X \ni x$ で表し，そうでないことを $x \notin X$ または $X \not\ni x$ で表す．また，元を全くもたない集合を**空集合**といい $\emptyset$ で表す．

例 1.1 次の記号は数学全体を通して固有名詞的に用いられる．
 (1) $\mathbb{N}$ で自然数（正の整数）全体のなす集合を表す．
 (2) $\mathbb{Z}$ で整数全体のなす集合を表す．
 (3) $\mathbb{Q}$ で有理数全体のなす集合を表す．
 (4) $\mathbb{R}$ で実数全体のなす集合を表す．
 (5) $\mathbb{C}$ で複素数全体のなす集合を表す．
なお 0 も自然数であると定義する流儀もある．また $\mathbb{R}_{>0}$, $\mathbb{R}_{\geq 0}$ でそれぞれ正の実数全体のなす集合，0 以上の実数全体のなす集合を表す．$\mathbb{R}_{<0}$, $\mathbb{R}_{\leq 0}$ や $\mathbb{Z}_{>0}$, $\mathbb{Z}_{\geq 0}$ 等も同様に定める．

集合を定めるのには大きく分けて 2 つの方法がある．一つは $X = \{1, 2, 3, 4, 5\}$ や $Y = \{2, 4, 6, 8, \ldots\}$ のように集合の元をすべて列挙する方法であり，もう一つは $X = \{n \mid n \text{ は } 1 \leq n \leq 5 \text{ をみたす整数}\}$ や

$Y = \{n \mid n \text{ は正の偶数}\}$ のように集合に属するための条件を指定する方法である．$\{x\,;\,x \text{ は○○をみたす}\}$ のように，縦棒 $|$ の代わりにセミコロン $;$ を使うことも多い（コロン $:$ を使うこともある）．いずれの方法においても，集合を表すのには波括弧 $\{\cdot\}$ が用いられる．

集合 X, Y に対し，X の任意の元が Y の元でもあるとき X は Y の**部分集合**であるといい，$X \subset Y$ または $Y \supset X$ で表す．また，そうでないことを $X \not\subset Y$ または $Y \not\supset X$ で表す．すなわち，$X \not\subset Y$ とは $x \notin Y$ であるような $x \in X$ が存在することを意味する．任意の集合 X は $\emptyset \subset X$ と $X \subset X$ をみたす．

集合 X の元 x で条件（あるいは性質）○○をみたすもの全体は X の部分集合を与える．この部分集合を $\{x \in X \mid x \text{ は○○をみたす}\}$ のように表す．ただし，$x \in X$ が○○をみたすかどうかは明確に定まっていなければならない．

集合 X, Y に対し，$X \subset Y$ と $X \supset Y$ が共に成り立つとき，つまり X と Y が同一の元からなるとき，X と Y は同じ集合である（または**一致**する）といい，$X = Y$ で表す．また，そうでないことを $X \neq Y$ で表す．$X \subset Y$ かつ $X \neq Y$ であるとき，X は Y の**真部分集合**であるといい，$X \subsetneq Y$ または $Y \supsetneq X$ で表す（文献によっては，$\subset$ や $\supset$ の代わりに $\subseteq$ や $\supseteq$ を用い，真部分集合を表すのに $\subset$ や $\supset$ を用いることもある）．

例 1.2 集合 $\{2, 1, 0\}$, $\{0, 1, 2, 0\}$, $\{x \in \mathbb{Z} \mid 0 \leq x < 3\}$ ならびに $\{x \in \mathbb{R} \mid x(x-1)(x-2) = 0\}$ は，いずれも $\{0, 1, 2\}$ と一致する．

有限個の元よりなる集合を**有限集合**といい，無数に多くの（相異なる）元をもつ集合を**無限集合**という．また，集合 X の（相異なる）元の個数を $|X|$（または $\#X$）で表す．ただし X が無限集合のときには $|X| = \infty$ と定める．X が有限集合であることを $|X| < \infty$ と表すこともある．

集合は X, Y のようなアルファベットの大文字で表すことが多い．n 個の集合を扱うときには $X_1, X_2, \ldots, X_n$ のように添字を用いることもある．$k = 1, 2, \ldots, n$ に対して集合 X_k が指定されていると見なす訳である．同様に，I を集合とし，各 $i \in I$ に対して集合 X_i が指定されているとき，それらの集合を I に添字付けられた**集合族**といい，$X_i\ (i \in I)$ や $(X_i)_{i \in I}$ で表す．

1.2 写像

 集合 X の任意の元に対して集合 Y の元をただ一つ対応させる規則が定まっているとき,その規則のことを X から Y への**写像**という. Y が $\mathbb{R}$ や $\mathbb{C}$ 等の "数のなす集合" であるときには**関数**ともいう. $Y = X$ のときには**変換**とよぶこともある. f が集合 X から集合 Y への写像であることを $f: X \to Y$ や $X \xrightarrow{f} Y$ と表す. また, $x \in X$ に対応する Y の元を f による x の**像**といい $f(x)$ で表す. これらをまとめて

$$f: X \ni x \longmapsto f(x) \in Y$$

や

$$\begin{array}{rcl} f: X & \longrightarrow & Y \\ \cup & & \cup \\ x & \longmapsto & f(x) \end{array}$$

とも書く. さらに, $x \in X$ に $y \in Y$ が対応することを f は x を y に**写す**(または f によって x は y に**写る**)ともいい, $f: x \mapsto y$ や $x \xmapsto{f} y$ とも表す.

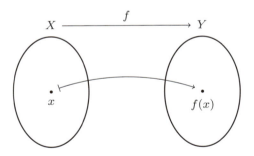

注意 1.3 根元のない矢印 $\to$ と根元のある矢印 $\mapsto$ の使い分けに注意せよ.

 写像 $f: X \to Y$, $g: X \to Y$ が任意の $x \in X$ に対して $f(x) = g(x)$ をみたすとき, f と g は**同じ写像である**(または**一致する**)といい $f = g$ で表す. また,そうでないことを $f \neq g$ で表す.

例 1.4 (1) $x \in X$ を x 自身に写す, X から X への写像を X の**恒等写像**と

いい id（または 1）で表す．X を強調したいときには id_X（または 1_X）と書くこともある．

(2) $X \subset Y$ であるとき，$x \in X$ を x 自身に写す，X から Y への写像を**包含写像**という．

例 1.5 写像 $f : X \to Y$ と $A \subset X$ に対し，$x \in A$ を $f(x) \in Y$ に写す，A から Y への写像を f の A への**制限**といい $f|_A$ で表す．

全射と単射

写像 $f : X \to Y$ が**全射**であるとは，任意の $y \in Y$ に対して $y = f(x)$ となるような $x \in X$ が存在することをいう．また，f が**単射**であるとは，$x, x' \in X$ に対して $f(x) = f(x')$ ならば $x = x'$ が成り立つことをいう（"$x \neq x'$ ならば $f(x) \neq f(x')$" あるいは "$f(x) = f(x')$ となるのは $x = x'$ のときに限る" といってもよい）．f が全射かつ単射であるとき，f は**全単射**であるという．たとえば，恒等写像は全単射であり，包含写像は単射である．

例 1.6 関数 $f : \mathbb{R} \to \mathbb{R}$ を $f(x) = x^2$ により定めるとき

(1) $y \in \mathbb{R}_{<0}$ に対しては $f(x) = y$ となるような $x \in \mathbb{R}$ は存在しないから，f は全射ではない．

(2) $x \in \mathbb{R}_{>0}$ に対しては $x \neq -x$ と $f(x) = f(-x)$ が共に成り立つから，f は単射ではない．

注意 1.7 写像 $f : X \to Y$ が全射や単射であるかどうかは，x から $f(x)$ を定める規則だけで決まる訳ではなく，X や Y にも依存する．たとえば，関数 $g : \mathbb{R} \to \mathbb{R}_{\geq 0}$ と $h : \mathbb{R}_{\geq 0} \to \mathbb{R}$ を $g(x) = x^2$ と $h(x) = x^2$ により定めれば，g は全射で h は単射である．

写像の合成

写像 $f : X \to Y$, $g : Y \to Z$ に対し，$x \in X$ を $g(f(x)) \in Z$ に写す，X から Z への写像を f と g の**合成写像**といい $g \circ f$ で表す．f, g が共に関数である場合や変換である場合には**合成関数**や**合成変換**ともいう．

次の命題は，合成写像の定義から直ちにわかる（証明は演習問題）．

命題 1.8 写像 $f : X \to Y$, $g : Y \to Z$, $h : Z \to W$ に対して次が成り立つ．

(1) $(h \circ g) \circ f = h \circ (g \circ f)$.

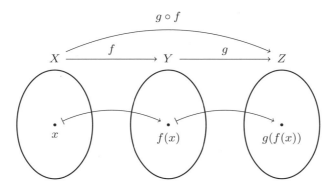

(2) $f \circ \mathrm{id}_X = f$, $\mathrm{id}_Y \circ f = f$.

次の 2 つの命題も容易に示せる（証明は演習問題）．

命題 1.9 写像 $f: X \to Y$, $g: Y \to Z$ に対して
(1) f と g が共に全射ならば $g \circ f$ も全射である．
(2) f と g が共に単射ならば $g \circ f$ も単射である．

命題 1.10 写像 $f: X \to Y$, $g: Y \to Z$ に対して
(1) $g \circ f$ が全射ならば g は全射である．
(2) $g \circ f$ が単射ならば f は単射である．

いま，写像 $f: X \to Y$, $g: Y \to X$ が $g \circ f = \mathrm{id}_X$ をみたすと仮定する．このとき，命題 1.10 より，g は全射であり，f は単射である．記号を改めて使い易い形にまとめておくと次のようになる．

命題 1.11 写像 $f: X \to Y$ について次が成り立つ．
(1) $g \circ f = \mathrm{id}_X$ をみたす写像 $g: Y \to X$ が存在するならば f は単射．
(2) $f \circ g = \mathrm{id}_Y$ をみたす写像 $g: Y \to X$ が存在するならば f は全射．

逆写像

写像 $f: X \to Y$ に対し，写像 $g: Y \to X$ で $g \circ f = \mathrm{id}_X$ と $f \circ g = \mathrm{id}_Y$ を共にみたすものが存在するとき，g は f の**逆写像**であるという（f, g が共に関数である場合や変換である場合には**逆関数**や**逆変換**ともいう）．定義から明ら

かなように，g が f の逆写像であるならば f は g の逆写像となっている．また，f が（見かけ上）2 個の逆写像 g, g' をもったとすると，逆写像の定義と命題 1.8 より

$$g = g \circ \mathrm{id}_Y = g \circ (f \circ g') = (g \circ f) \circ g' = \mathrm{id}_X \circ g' = g'$$

と $g = g'$ が従うから，逆写像は（存在すれば）一意的である（ここで用いた"見かけ上 2 個存在したとして，それらが一致することを示す"という論法は，一意性の証明でよく使われる）．f の逆写像を f^{-1} で表す．

命題 1.11 からわかるように，f^{-1} が存在すれば f は全単射である．逆に f が全単射ならば，各 $y \in Y$ に対し，f が全射であることより $y = f(x)$ となるような $x \in X$ が存在し，また f が単射であることより x は一意的である．したがって y を x に対応させる写像が定義できて，この写像は f の逆写像を与える．以上をまとめて

命題 1.12 (1) 逆写像は存在すれば一意的である．

(2) 写像 $f : X \to Y$ の逆写像が存在するためには f が全単射であることが必要かつ十分である．

像 と 逆 像

写像 $f : X \to Y$ と $A \subset X$ に対し，Y の部分集合

$$\{\, y \in Y \mid \text{ある } x \in A \text{ に対して } y = f(x) \,\}$$

を f による A の**像**といい，$\{\, f(x) \mid x \in A \,\}$ や $f(A)$ で表す．同様に，A の部分集合 $\{\, x \in A \mid x \text{ は○○をみたす} \,\}$ の f による像を $\{\, f(x) \mid x \in A, x \text{ は○○をみたす} \,\}$ のように表す．f による X の像 $f(X)$ を単に f の像ともいう．また，$B \subset Y$ に対し，X の部分集合

$$\{\, x \in X \mid f(x) \in B \,\}$$

を f による B の**逆像**といい，$f^{-1}(B)$ で表す．

注意 1.13 $f^{-1}(B)$ という記号において，f^{-1} は f の逆写像を表している訳ではない（f の逆写像が存在しなくても $f^{-1}(B)$ は定義される）．なお，f が逆写像をもつときには，f による B の逆像は f^{-1} による B の像に一致する．

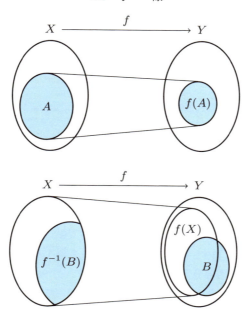

X を有限集合とするとき，写像 $f: X \to Y$ の像 $f(X)$ は Y の有限な部分集合であるから $|f(X)| \leq |Y|$ が成り立つ．また，明らかに $|f(X)| \leq |X|$ も成り立つ．これらの不等式の等号成立条件は

$$|f(X)| = |Y| \iff f \text{ は全射},$$
$$|f(X)| = |X| \iff f \text{ は単射}$$

となっている．これより次の 2 つの命題が得られる．

命題 1.14 $|X| = |Y| < \infty$ ならば，写像 $f: X \to Y$ が全射であることと単射であることは互いに同値である．

命題 1.15 $|X| < \infty$ かつ $|X| > |Y|$ ならば，任意の写像 $f: X \to Y$ は単射ではない．すなわち，$x \neq x'$ かつ $f(x) = f(x')$ となるような $x, x' \in X$ が存在する．

注意 **1.16** 命題 1.15 は，$|X| = \infty$ かつ $|Y| < \infty$ である場合にも成り立つ．

命題 1.15（あるいは注意 1.16）を写像 $\{1,2,\ldots,n\} \ni k \mapsto x_k \in X$ や写像 $\mathbb{N} \ni k \mapsto x_k \in X$ に適用することにより，次の系が得られる．

系 1.17 (1) $x_1, x_2, \ldots, x_n \in X$ かつ $|X| < n$ ならば，$x_k = x_l$ をみたす相異なる k, l が存在する．
(2) $x_1, x_2, x_3, \ldots \in X$ かつ $|X| < \infty$ ならば，$x_k = x_l$ をみたす相異なる k, l が存在する．

上の系を用いた論法を**部屋割り論法**という．

1.3 集合算

集合 X, Y に対し，X の元と Y の元を合わせて得られる集合を X と Y の**和集合**といい $X \cup Y$ で表す．また，X にも Y にも属するような元全体よりなる集合を X と Y の**共通部分**といい $X \cap Y$ で表す．さらに，X には属するが Y には属さないような元全体よりなる集合を X と Y の**差集合**といい $X \setminus Y$（または $X - Y$）で表す．Y が X の部分集合であるときには，$X \setminus Y$ を Y の X に関する**補集合**とよぶこともある．

例 1.18 $X = \{1, 2, 3, 4, 5\}$, $Y = \{2, 4, 6, 8, 10\}$ とするとき
$$X \cup Y = \{1, 2, 3, 4, 5, 6, 8, 10\}, \quad X \cap Y = \{2, 4\},$$
$$X \setminus Y = \{1, 3, 5\}, \quad Y \setminus X = \{6, 8, 10\}.$$

次の 2 つの命題は，定義から直ちにわかる．

命題 1.19 集合 X, Y, Z に対して次が成り立つ．
(1) $X \subset X \cup Y$, $Y \subset X \cup Y$.
(2) $X \cap Y \subset X$, $X \cap Y \subset Y$.
(3) $X \subset Z$ かつ $Y \subset Z$ ならば $X \cup Y \subset Z$.
(4) $Z \subset X$ かつ $Z \subset Y$ ならば $Z \subset X \cap Y$.

命題 1.20 集合 X, Y, Z に対して次が成り立つ．
(1) $X \cup Y = Y \cup X$, $X \cap Y = Y \cap X$.
(2) $(X \cup Y) \cup Z = X \cup (Y \cup Z)$, $(X \cap Y) \cap Z = X \cap (Y \cap Z)$.

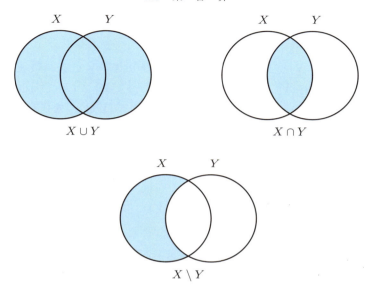

(3) $\emptyset \cup X = X$, $\emptyset \cap X = \emptyset$.

例題 1.21

集合 X, Y, Z に対して次が成り立つことを示せ.

$$X \cup (Y \cap Z) = (X \cup Y) \cap (X \cup Z), \quad X \cap (Y \cup Z) = (X \cap Y) \cup (X \cap Z).$$

[解答] まず $X \subset X \cup Y$ と $X \subset X \cup Z$ より $X \subset (X \cup Y) \cap (X \cup Z)$. また $Y \cap Z \subset Y \subset X \cup Y$ と $Y \cap Z \subset Z \subset X \cup Z$ より $Y \cap Z \subset (X \cup Y) \cap (X \cup Z)$. 以上より $X \cup (Y \cap Z) \subset (X \cup Y) \cap (X \cup Z)$ がわかる. 逆向きの包含関係を示すために $x \in (X \cup Y) \cap (X \cup Z)$ を任意にとり, $x \notin X$ であると仮定する. このとき, $x \in X \cup Y$ かつ $x \in X \cup Z$ であることより, $x \in Y$ かつ $x \in Z$, すなわち $x \in Y \cap Z$ でなければならない. つまり $x \in X$ または $x \in Y \cap Z$, すなわち $x \in X \cup (Y \cap Z)$ が成り立つことが示せた. 以上より $X \cup (Y \cap Z) \supset (X \cup Y) \cap (X \cup Z)$ がわかり,

$$X \cup (Y \cap Z) = (X \cup Y) \cap (X \cup Z)$$

を得る．

次に $X \cap Y \subset X$ と $X \cap Y \subset Y \subset Y \cup Z$ より $X \cap Y \subset X \cap (Y \cup Z)$．同様に $X \cap Z \subset X \cap (Y \cup Z)$ も示せるから，$X \cap (Y \cup Z) \supset (X \cap Y) \cup (X \cap Z)$ がわかる．逆向きの包含関係を示すために $x \in X \cap (Y \cup Z)$ を任意にとると，$x \in X$ かつ $x \in Y \cup Z$．後者より $x \in Y$ または $x \in Z$ が成り立つが，$x \in Y$ のときには $x \in X \cap Y$ となり，$x \in Z$ のときには $x \in X \cap Z$ となるから，$x \in (X \cap Y) \cup (X \cap Z)$．以上より $X \cap (Y \cup Z) \subset (X \cap Y) \cup (X \cap Z)$ がわかり，

$$X \cap (Y \cup Z) = (X \cap Y) \cup (X \cap Z)$$

を得る． □

問 1.22 集合 X, Y, Z に対して次が成り立つことを示せ．

$$X \setminus (Y \cup Z) = (X \setminus Y) \cap (X \setminus Z), \quad X \setminus (Y \cap Z) = (X \setminus Y) \cup (X \setminus Z).$$

3 個以上の集合の和集合や共通部分も上と同様の方法で定義される．n 個の集合 $X_1, X_2, \ldots, X_n$ に対し，それらの和集合，共通部分をそれぞれ

$$X_1 \cup X_2 \cup \cdots \cup X_n = \bigcup_{k=1}^{n} X_k, \quad X_1 \cap X_2 \cap \cdots \cap X_n = \bigcap_{k=1}^{n} X_k$$

等と書く．これらは次のように表すこともできる．

$$X_1 \cup X_2 \cup \cdots \cup X_n = \{x \,;\, \text{ある } k = 1, 2, \ldots, n \text{ に対して } x \in X_k\},$$
$$X_1 \cap X_2 \cap \cdots \cap X_n = \{x \,;\, \text{任意の } k = 1, 2, \ldots, n \text{ に対して } x \in X_k\}.$$

集合族 $X_i \, (i \in I)$ の和集合や共通部分については

$$\bigcup_{i \in I} X_i = \{x \mid \text{ある } i \in I \text{ に対して } x \in X_i\},$$
$$\bigcap_{i \in I} X_i = \{x \mid \text{任意の } i \in I \text{ に対して } x \in X_i\}$$

となる．

次の 2 つの命題は，定義から容易に導かれる（証明は演習問題）．

1.3 集合算

命題 1.23 写像 $f\colon X\to Y$ に対して

(1) $A_i\subset X$ $(i\in I)$ とするとき,次が成り立つ.
$$f\Big(\bigcup_{i\in I}A_i\Big)=\bigcup_{i\in I}f(A_i),\qquad f\Big(\bigcap_{i\in I}A_i\Big)\subset\bigcap_{i\in I}f(A_i).$$
また,f が単射ならば後者の式において等号が成立する.

(2) $B_j\subset Y$ $(j\in J)$ とするとき,次が成り立つ.
$$f^{-1}\Big(\bigcup_{j\in J}B_j\Big)=\bigcup_{j\in J}f^{-1}(B_j),\qquad f^{-1}\Big(\bigcap_{j\in J}B_j\Big)=\bigcap_{j\in J}f^{-1}(B_j).$$

命題 1.24 $f\colon X\to Y$ を写像,$A\subset X$,$B\subset Y$ とするとき,次が成り立つ.
$$f^{-1}(f(A))\supset A,\qquad f(f^{-1}(B))=B\cap f(X).$$
また,f が単射ならば前者の式において等号が成立する.

非 交 和

和集合 $X\cup Y$ において $X\cap Y=\emptyset$ が成り立っているとき,$X\cup Y$ を X と Y の非交和といい $X\sqcup Y$ で表す.同様に,X_i $(i\in I)$ が条件

$$\text{相異なる }i,j\in I\text{ に対して }X_i\cap X_j=\emptyset$$

をみたすとき,$\bigcup_{i\in I}X_i$ を X_i $(i\in I)$ の非交和といい $\bigsqcup_{i\in I}X_i$ で表す.

例題 1.25

写像 $f\colon X\to Y$ に対し,
$$X=\coprod_{y\in Y}f^{-1}(\{y\})$$
が成り立つことを示せ.

解答 任意の $x\in X$ に対し,$y=f(x)$ とおけば $x\in f^{-1}(\{y\})$ が成り立つ.したがって $X\subset\bigcup_{y\in Y}f^{-1}(\{y\})$.逆向きの包含関係は明らかに成り立つから,$X=\bigcup_{y\in Y}f^{-1}(\{y\})$ がわかる.また,$x\in f^{-1}(\{y\})$ は $f(x)=y$ を意味するから,相異なる $y,y'\in Y$ に対しては $f^{-1}(\{y\})\cap f^{-1}(\{y'\})=\emptyset$ が成り立つ.よって $\bigcup_{y\in Y}f^{-1}(\{y\})$ は非交和である. □

1.4 配置集合と巾集合

集合 X から集合 Y への写像全体のなす集合を X の上の Y の**配置集合**といい $\mathrm{Map}(X, Y)$（または Y^X）で表す．また，集合 X の部分集合全体のなす集合を X の**巾集合**といい $\mathfrak{P}(X)$（または 2^X）で表す．なお，巾は冪の略字であり，$\mathfrak{P}$ は P のドイツ旧字体である．

例 1.26 $\mathrm{Map}(X, \mathbb{R})$ は X 上の実数値関数全体のなす集合を表す．とくに $X = \mathbb{N}$ のとき，$\mathrm{Map}(\mathbb{N}, \mathbb{R})$ は自然数全体のなす集合上の実数値関数（すなわち実数値の無限数列）全体のなす集合を表す．

問 1.27 X, Y が共に有限集合ならば $|\mathrm{Map}(X, Y)| = |Y|^{|X|}$ となることを示せ．

例 1.28 集合 $\{1, 2, 4\}$ の巾集合は

$$\{\emptyset, \{1\}, \{2\}, \{4\}, \{1, 2\}, \{1, 4\}, \{2, 4\}, \{1, 2, 4\}\}$$

と 8 個の元よりなる（一般に，X が有限集合であれば $|\mathfrak{P}(X)| = 2^{|X|}$ となる）．

問 1.29 $\mathfrak{P}(X)$ は $\mathrm{Map}(X, \{0, 1\})$ と自然に同一視できることを示せ．

1.5 集合の直積

集合 X, Y に対し，それらの元 $x \in X$, $y \in Y$ を並べて組にしたもの (x, y) を考える（これを x と y から作られた**順序対**という）．2 つの順序対 (x, y) と (x', y') が等しいのは $x = x'$ かつ $y = y'$ が成り立つことと定め，そのことを $(x, y) = (x', y')$ で表す．また，そうでないことを $(x, y) \neq (x', y')$ で表す．$x \in X$ と $y \in Y$ から作られた順序対 (x, y) 全体のなす集合を X と Y の**直積**といい，$X \times Y$ で表す．3 個以上の集合の直積も同様に

$$X_1 \times X_2 \times \cdots \times X_n = \{(x_1, x_2, \ldots, x_n) \mid x_i \in X_i \ (i = 1, 2, \ldots, n)\}$$

と定義される．また，X の n 個の直積 $\overbrace{X \times X \times \cdots \times X}^{n}$ を X^n とも書く．$X_1, X_2, \ldots, X_n$ がいずれも有限集合であれば $|X_1 \times X_2 \times \cdots \times X_n| = |X_1||X_2|\cdots|X_n|$ となり，X が有限集合であれば $|X^n| = |X|^n$ となる．

例 1.30 $\mathbb{R}^n$ とは実数の（順序付けられた）n 個組全体のなす集合のことである．

問 1.31 X^n は $\mathrm{Map}(\{1,2,\ldots,n\},X)$ と自然に同一視できることを示せ．

$x = (x_1, x_2, \ldots, x_n) \in X_1 \times X_2 \times \cdots \times X_n$ に対し，$x_i \in X_i$ を x の第 i 成分という．また，第 i 成分を取り出す写像

$$X_1 \times X_2 \times \cdots \times X_n \ni (x_1, x_2, \ldots, x_n) \longmapsto x_i \in X_i$$

を X_i への**射影**という．

■演習問題

◆**演習 1** 次の関数のうち，全射であるものと単射であるものをすべて挙げよ．

$f_1 : \mathbb{R} \ni x \longmapsto x + 1 \in \mathbb{R},\quad f_2 : \mathbb{R} \ni x \longmapsto e^x \in \mathbb{R},$
$f_3 : \mathbb{R} \ni x \longmapsto x^3 - x^2 \in \mathbb{R},\quad f_4 : \mathbb{R} \ni x \longmapsto \sin x \in \mathbb{R}.$

◆**演習 2** 命題 1.8 と命題 1.9，命題 1.10 を証明せよ．

◆**演習 3** 関数 $f : \mathbb{R} \ni x \mapsto x^3 + 3x^2 \in \mathbb{R}$ と $A = \{x \in \mathbb{R} \mid x < -1\}$, $B = \{y \in \mathbb{R} \mid y \geq 4\}$ について，$f(A)$ と $f^{-1}(B)$ を求めよ．

◆**演習 4** 命題 1.23 と命題 1.24 を証明せよ．

◆**演習 5** 写像 $f : X \to Y$ が全射であることと単射であることを"逆像の元の個数"を用いて言い換えよ．

第2章

同値関係と商集合

実数の相等関係 "$x = y$" や大小関係 "$x \leq y$" のように,集合 X の2つの元 x, y に対して真・偽の2値を対応させる写像を X の**関係**という.本章では,等号の一般化である同値関係の定義と基本的な性質を述べる.

2.1 類別と同値関係

集合 X が空でない部分集合 C_i ($i \in I$) の非交和に

$$X = \coprod_{i \in I} C_i \qquad (C_i \neq \emptyset)$$

と分割されているとする.このような分割を X の**類別**といい,各 C_i を**類**という.

例 2.1 3個の元よりなる集合 $\{x, y, z\}$ の類別は

$\{x\} \sqcup \{y\} \sqcup \{z\}$, $\{x,y\} \sqcup \{z\}$, $\{x,z\} \sqcup \{y\}$, $\{y,z\} \sqcup \{x\}$, $\{x,y,z\}$

の5通り存在する.

集合 X の類別が与えられると,任意の $x \in X$ はある類に属し,さらに x の属する類は一意的に定まる.そこで,X の関係 $\sim$ を

$$x \sim y \iff x \text{ は } y \text{ と同じ類に属する}$$

により定義すると,次が成り立つ.

(1) $x \sim x$.
(2) $x \sim y$ ならば $y \sim x$.

(3) $x \sim y$ かつ $y \sim z$ ならば $x \sim z$.

逆に，以下で示すように，これらの条件をみたす関係は集合の類別を定める．

一般に，集合 X の関係 $\sim$ で

反射律 $x \sim x$,

対称律 $x \sim y$ ならば $y \sim x$,

推移律 $x \sim y$ かつ $y \sim z$ ならば $x \sim z$

をみたすものを**同値関係**という．また，$x \sim y$ であるとき，x は y と $\sim$ に関して**同値**であるという．

例 2.2 任意の集合 X において，相等関係 $=$ は同値関係を与える．また関係 $\sim_0$ を

$$\text{任意の } x, y \in X \text{ に対して } x \sim_0 y$$

により定義すると，$\sim_0$ も同値関係を与える．

例 2.3 集合 $\mathbb{R}$ の関係 $\sim_1, \sim_2, \sim_3$ を

$$\begin{aligned} x \sim_1 y &\iff x = y \text{ または } x = -y, \\ x \sim_2 y &\iff xy > 0 \text{ または } x = y = 0, \\ x \sim_3 y &\iff x - y \in \mathbb{Z} \end{aligned}$$

により定義すると，これらはいずれも同値関係を与える．

2.2 同値類と代表元

$\sim$ を集合 X の同値関係とし，各 $x \in X$ に対し，x と同値な X の元全体のなす集合 $\{y \in X \mid y \sim x\}$ を $C(x)$ で表す．集合 $C(x)$ を x を**代表元**とする $\sim$ に関する**同値類**という（反射律により $x \in C(x)$ が成り立つから，$C(x)$ は空ではない）．また，$S \subset X$ で条件

$$\text{任意の } x \in X \text{ に対し，} x \sim s \text{ をみたす } s \in S \text{ が唯一つ存在する}$$

をみたすものを $\sim$ に関する**完全代表系**という．

例 2.4 例 2.2 で定めた X の同値関係について

(1) x を代表元とする $=$ に関する同値類は $\{x\}$. したがって X 自身が完全代表系となる.

(2) x を代表元とする $\sim_0$ に関する同値類は X. したがって, 任意の $x \in X$ に対し, $\{x\}$ は完全代表系を与える.

例 2.5 例 2.3 で定めた $\mathbb{R}$ の同値関係について

(1) x を代表元とする $\sim_1$ に関する同値類は $\{x, -x\}$. したがって $\mathbb{R}_{\geq 0}$ は完全代表系を与える.

(2) x を代表元とする $\sim_2$ に関する同値類は, $x > 0$ の場合には $\mathbb{R}_{>0}$ であり, $x < 0$ の場合には $\mathbb{R}_{<0}$ である. また, $x = 0$ の場合には $\{0\}$ である. したがって $\{1, -1, 0\}$ は完全代表系を与える.

(3) x を代表元とする $\sim_3$ に関する同値類は $x + \mathbb{Z} = \{x + k \mid k \in \mathbb{Z}\}$. したがって $\{x \in \mathbb{R} \mid 0 \leq x < 1\}$ や $\{x \in \mathbb{R} \mid -\frac{1}{2} < x \leq \frac{1}{2}\}$ は完全代表系を与える.

注意 2.6 例 2.5 の (3) からもわかるように, 同値関係の完全代表系は一意的に定まる訳ではない. なお, 選択公理という集合論の公理を用いれば, 任意の同値関係に対して完全代表系が存在することが示せる.

命題 2.7 $\sim$ を集合 X の同値関係とするとき, $x, y \in X$ に対して次の条件 (a)–(c) は互いに同値である.

(a) $x \sim y$.
(b) $C(x) = C(y)$.
(c) $C(x) \cap C(y) \neq \emptyset$.

証明 まず $x \sim y$ とする. このとき, 任意の $x' \in C(x)$ に対し, $x' \sim x$ と推移律から $x' \sim y$, すなわち $x' \in C(y)$ が従う. よって $C(x) \subset C(y)$. 対称律を用いれば, 同様にして $C(x) \supset C(y)$ も示せるから, $C(x) = C(y)$ が得られる.

次に $C(x) \cap C(y) \neq \emptyset$ とする. このとき, $z \in C(x) \cap C(y)$ を任意にとれば, $z \sim x$ かつ $z \sim y$ であるから, 対称律と推移律より $x \sim y$ が従う.

なお, 同値類は空ではないから, $C(x) = C(y)$ であれば $C(x) \cap C(y) \neq \emptyset$ となることは明らかである. □

2.2 同値類と代表元

上の命題より，同値類の任意の元はその同値類の代表元であること，すなわち任意の $y \in C(x)$ に対して $C(x) = C(y)$ が成り立つことがわかる．また，同値類への分割は類別を与えることもわかる．実際，S を $\sim$ に関する完全代表系とすると

$$X = \coprod_{s \in S} C(s), \qquad C(s) \neq \emptyset$$

が成り立つ．以上の議論により，集合の類別を与えることと同値関係を与えることは同等であることがわかる．

写像から得られる同値関係

X から集合 Y への写像 $f : X \to Y$ は，X の分割

$$X = \coprod_{y \in Y} f^{-1}(\{y\})$$

を定める（例題 1.25）．ここで，$y \in Y$ に対して

$$f^{-1}(\{y\}) \neq \emptyset \iff y \in f(X)$$

が成り立つから，f から X の類別

$$X = \coprod_{y \in f(X)} f^{-1}(\{y\})$$

が得られる．この類別に対応する X の同値関係を $\sim_f$ と表すことにすると

$$x \sim_f x' \iff f(x) = f(x')$$

が成り立つ．

例 2.8 例 2.3 で定めた $\mathbb{R}$ の同値関係について
(1) $\sim_1$ は写像 $f_1 : \mathbb{R} \ni x \mapsto |x| \in \mathbb{R}$ から得られる．
(2) $\sim_2$ は写像 $f_2 : \mathbb{R} \ni x \mapsto \varepsilon(x) \in \mathbb{R}$ から得られる．ただし

$$\varepsilon(x) := \begin{cases} 1 & (x > 0 \text{ の場合}) \\ -1 & (x < 0 \text{ の場合}) \\ 0 & (x = 0 \text{ の場合}) \end{cases}.$$

(3) $\sim_3$ は写像 $f_3 : \mathbb{R} \ni x \mapsto x - [x] \in \mathbb{R}$ から得られる．ただし $[x]$ は x を超えない最大の整数（x の**整数部分**という）を表す．

2.3 商集合

$\sim$ を集合 X の同値関係とするとき,同値類全体のなす集合を X の $\sim$ による**商集合**といい,$X/\sim$ で表す.商集合 $X/\sim$ は巾集合 $\mathfrak{P}(X)$ の部分集合で,各元は一つの同値類である.また,写像

$$p : X \ni x \longmapsto C(x) \in X/\sim$$

を**標準的全射**または**射影**という(これが全射であることは明らか).

S を $\sim$ に関する完全代表系とすると,p の S への制限 $p|_S : S \to X/\sim$ は全単射である.この全単射によって,商集合 $X/\sim$ を完全代表系 S と同一視することができる.

定理 2.9 $\sim_f$ を写像 $f : X \to Y$ から得られる同値関係とするとき,写像

$$\phi : X/\sim_f \ni C(x) \longmapsto f(x) \in f(X)$$

は全単射である.また,その逆写像は

$$\psi : f(X) \ni y \longmapsto f^{-1}(\{y\}) \in X/\sim_f$$

により与えられる.

証明 まず $x \in X$ とし,$y = f(x)$ とおくと,$x \in f^{-1}(\{y\})$ が成り立つ.したがって $C(x) = f^{-1}(\{y\})$ となり,

$$\psi(\phi(C(x))) = \psi(f(x)) = \psi(y) = f^{-1}(\{y\}) = C(x).$$

次に $y \in f(X)$ とし,$x \in f^{-1}(\{y\})$ を任意にとると,$C(x) = f^{-1}(\{y\})$ と $f(x) = y$ が成り立つから,

$$\phi(\psi(y)) = \phi(f^{-1}(\{y\})) = \phi(C(x)) = f(x) = y.$$

以上より,ϕ と ψ は互いに逆写像であることがわかる. □

例 2.10 集合 $\mathbb{Z} \times \mathbb{N}$ の関係 $\sim$ を

2.3 商集合

$$(x, y) \sim (x', y') \iff xy' = x'y$$

により定めると，$\sim$ は同値関係を与える．また，写像 $f : \mathbb{Z} \times \mathbb{N} \to \mathbb{Q}$ を $f(x,y) := x/y$ により定めると，

$$(x, y) \sim (x', y') \iff f(x, y) = f(x', y')$$

が成り立つ．f は明らかに全射であるから，全単射

$$(\mathbb{Z} \times \mathbb{N})/\sim \ni C((x,y)) \longmapsto \frac{x}{y} \in \mathbb{Q}$$

によって商集合 $(\mathbb{Z} \times \mathbb{N})/\sim$ を $\mathbb{Q}$ と同一視することができる．

商集合からの写像

いま，商集合 $X/\sim$ から集合 Y への写像 $\widetilde{f} : X/\sim \to Y$ が与えられたとする．このとき，合成写像 $f := \widetilde{f} \circ p : X \to Y$ は次の性質をもつ．

$$x \sim x' \implies f(x) = f(x').$$

逆に

> **定理 2.11** X から集合 Y への写像 $f : X \to Y$ が条件
>
> $$x \sim x' \implies f(x) = f(x')$$
>
> をみたすとき，写像 $\widetilde{f} : X/\sim \to Y$ で $f = \widetilde{f} \circ p$ をみたすものが一意的に存在する．($\widetilde{f}$ を f が**引き起こす写像**という．)

証明 仮定より，写像 $\widetilde{f} : X/\sim \to Y$ を

$$\widetilde{f}(C(x)) = f(x) \qquad (x \in X)$$

により定義することができる．実際，$C(x) = C(x')$ とすると $f(x) = f(x')$ となるから，同値類 $C(x)$ の像は代表元 x の選び方に依らずに定まっている．このように定義された $\widetilde{f}$ は，明らかに $f = \widetilde{f} \circ p$ をみたす．また，条件 $f = \widetilde{f} \circ p$ とは，任意の $x \in X$ に対して $\widetilde{f}(C(x)) = f(x)$ が成り立つということに他ならない．このことより $\widetilde{f}$ の一意性が従う． □

商集合 $X/\sim$ から集合 Y への写像 $\widetilde{f}: X/\sim \to Y$ は，X から Y への写像 $f: X \to Y$ を使って

$$\widetilde{f}(C(x)) := f(x) \qquad (x \in X)$$

という形で定義されることが多い．f が定理の条件をみたしていないときには，$C(x) = C(x')$ と $f(x) \neq f(x')$ を共にみたす $x, x' \in X$ が存在するから，上のように $\widetilde{f}: X/\sim \to Y$ を定義することはできない．

■■■演習問題■■■■■■■■■■■■■■■■■■■■■■■■■■■■

◆**演習 1** 集合 $\mathbb{R}$ の関係で次の性質をもつものをそれぞれ具体的に構成せよ．
  (1) 反射律と対称律をみたすが，推移律はみたさない．
  (2) 反射律と推移律をみたすが，対称律はみたさない．
  (3) 対称律と推移律をみたすが，反射律はみたさない．

◆**演習 2** $f: X \to Y$ を写像，$\sim_Y$ を Y の同値関係とし，X の関係 $\sim_X$ を

$$x \sim_X x' \iff f(x) \sim_Y f(x')$$

により定める．このとき，$\sim_X$ は X の同値関係であることを示せ．

◆**演習 3** 集合 $\mathbb{R}^2 \setminus \{\mathbf{0}\}$ の関係 $\sim$ を

$$\boldsymbol{x} \sim \boldsymbol{y} \iff \boldsymbol{y} = t\boldsymbol{x} \text{ となるような } t \in \mathbb{R} \ (t \neq 0) \text{ が存在する}$$

により定める．
  (1) $\sim$ は $\mathbb{R}^2 \setminus \{\mathbf{0}\}$ の同値関係であることを示せ．
  (2) $\sim$ に関する同値類はどのような集合か．
  (3) 写像 $f: \mathbb{R}^2 \setminus \{\mathbf{0}\} \to \mathbb{R} \cup \{\infty\}$ を

$$f: (x, y) \longmapsto \begin{cases} x/y & (y \neq 0 \text{ の場合}) \\ \infty & (y = 0 \text{ の場合}) \end{cases}$$

により定める．このとき，f から得られる同値関係は $\sim$ に一致することを示せ．
商集合 $(\mathbb{R}^2 \setminus \{\mathbf{0}\})/\sim$ を**射影直線**という．

◆**演習 4** 実数を成分とする 2 次正方行列全体のなす集合 $M_2(\mathbb{R})$ の関係 $\sim$ を

$$A \sim B \iff B = PAP^{-1} \text{ となるような正則行列 } P \text{ が存在する}$$

により定める．

(1) $\sim$ は $\mathrm{M}_2(\mathbb{R})$ の同値関係であることを示せ.

(2) 関数 $\mathrm{M}_2(\mathbb{R}) \ni A \mapsto \det(A) \in \mathbb{R}$ は商集合 $\mathrm{M}_2(\mathbb{R})/\sim$ 上の関数を引き起こすことを示せ.

◆**演習 5** 関数 $f_i : \mathbb{Z} \times \mathbb{N} \to \mathbb{R}$ $(i = 1, 2, 3, 4, 5)$ を

$$f_1(x, y) := \varepsilon(x), \qquad f_2(x, y) := x + y, \qquad f_3(x, y) := xy,$$
$$f_4(x, y) := \frac{x-y}{y^2}, \qquad f_5(x, y) := \frac{xy}{x^2 + y^2}$$

により定める（関数 ε は例 2.8 で定めたもの）．これらの関数のうち，例 2.10 で定めた同値関係による商集合 $(\mathbb{Z} \times \mathbb{N})/\sim$ 上の関数を引き起こすものをすべて挙げよ.

第3章

整　　数

　群・環・体といった代数系の話に先立ち，本章では整数の基本的な性質を述べる．整数という対象を通して，集合と写像，加えて厳密な証明というものに慣れ親しむことが目標の一つである．なお，本章で扱われる話題は，次章以降で定義される抽象的な概念に典型的な例を提供する．

　実数や有理数の四則（加法，減法，乗法，除法）や大小関係，ならびにそれらの関係については既知とする．他方，約数・倍数や素数といった，整数特有の概念に関する知識は仮定しない．

3.1 除法定理

　$\mathbb{Z}$ においては，$\mathbb{R}$ や $\mathbb{Q}$ とは異なり，除法は常に定義できる訳ではない．すなわち，$a, b \in \mathbb{Z}$ $(b \neq 0)$ とするとき，$\frac{a}{b}$ が $\mathbb{Z}$ に属するとは限らない．その代わり，次のような "余りのある除法" を定義することができる．

> **定理 3.1（除法定理）** $a, b \in \mathbb{Z}$ $(b \neq 0)$ とするとき，条件
> $$a = bq + r, \qquad 0 \leq r < |b|$$
> をみたす $q, r \in \mathbb{Z}$ が一意的に存在する．（q, r をそれぞれ a を b で割った**商**，**余り**という．）

証明　まず q と r の存在を示す．$b > 0$ の場合，$q := \left[\frac{a}{b}\right]$ を $\frac{a}{b}$ の整数部分とし，$r := a - bq$ とおけば $a = bq + r$ と $0 \leq r < b$ が成り立つ．$b < 0$ の場合には $q := -\left[\frac{a}{-b}\right]$，$r := a - bq$ とおけばよい．

　次に q と r の一意性を示す．いま $a = bq + r = bq' + r'$ かつ $0 \leq r, r' < |b|$

3.1 除 法 定 理

とすると, $b(q-q') = -(r-r')$ と $|r-r'| < |b|$ より

$$|q-q'| = \left|\frac{r-r'}{b}\right| < 1$$

となるが, $q-q' \in \mathbb{Z}$ であるから $q-q' = 0$ でなければならない. これより $q = q'$ となり $r = r'$ もわかる. □

注意 3.2 上の定理において

$$r^* := \begin{cases} r & (0 \leq r \leq |b|/2 \text{ の場合}) \\ r - |b| & (|b|/2 < r < |b| \text{ の場合}) \end{cases}, \qquad q^* := \frac{a-r^*}{b}$$

とおけば, $q^*, r^* \in \mathbb{Z}$ で,

$$a = bq^* + r^*, \qquad -\frac{|b|}{2} < r^* \leq \frac{|b|}{2}$$

が成り立つ.

加法や減法について閉じた集合

$A \subset \mathbb{Z}$ が**加法について閉じている**(**減法について閉じている**)とは, 次が成り立つことをいう.

$$x, y \in A \implies x + y \in A \ (x - y \in A).$$

例 3.3 (1) $\mathbb{Z}$ 全体や 0 だけからなる集合 $\{0\}$ は, 加法についても減法についても閉じている.

(2) 正の整数全体のなす集合 $\mathbb{Z}_{>0}$ や非負の整数全体のなす集合 $\mathbb{Z}_{\geq 0}$ は, 加法について閉じているが減法については閉じていない.

命題 3.4 (1) 各 $a \in \mathbb{Z}$ に対し, $a\mathbb{Z} := \{ak \mid k \in \mathbb{Z}\}$ は加法についても減法についても閉じている.

(2) $a, b \in \mathbb{Z}$ に対して

$$a\mathbb{Z} = b\mathbb{Z} \iff a = b \text{ または } a = -b.$$

証明 (1) $k, l \in \mathbb{Z}$ とすると, $ak \pm al = a(k \pm l)$ で, $k \pm l \in \mathbb{Z}$. これより主張を得る.

(2) まず $a\mathbb{Z} = b\mathbb{Z}$ とすると, $a = a \cdot 1 \in a\mathbb{Z} = b\mathbb{Z}$ より, $a = bk$ をみたす

$k \in \mathbb{Z}$ が存在することがわかる．同様に $b = al$ をみたす $l \in \mathbb{Z}$ の存在もわかる．このとき $a = bk = (al)k = a(kl)$, すなわち $a(kl-1) = 0$ より, $a = 0$ または $kl = 1$ であることがわかる．$a = 0$ であれば $b = al = 0$ となり, $kl = 1$ であれば $k = l = \pm 1$ となるから, いずれの場合にも $a = \pm b$ となっている．

逆に $a = \pm b$ とすると, 任意の $k \in \mathbb{Z}$ に対して $ak = \pm bk = b(\pm k) \in b\mathbb{Z}$ となるから $a\mathbb{Z} \subset b\mathbb{Z}$. 同様に $a\mathbb{Z} \supset b\mathbb{Z}$ もわかり, $a\mathbb{Z} = b\mathbb{Z}$ が得られる． □

$A_1, A_2, \ldots, A_r \subset \mathbb{Z}$ の和 $A_1 + A_2 + \cdots + A_r$ を

$$A_1 + A_2 + \cdots + A_r := \{ x_1 + x_2 + \cdots + x_r \mid x_1 \in A_1, x_2 \in A_2, \ldots, x_r \in A_r \}$$

により定める（和集合 $A_1 \cup A_2 \cup \cdots \cup A_r$ とは違うことに注意せよ）．この記号を用いれば, A が加法について閉じていることは $A + A \subset A$ と表すことができる．また, $A \subset \mathbb{Z}$ と $b \in \mathbb{Z}$ に対し, $bA := \{ bx \mid x \in A \}$ とおく．

例題 3.5

次が成り立つことを示せ．
(1) $\mathbb{Z} + \mathbb{Z} = \mathbb{Z}$.
(2) $4\mathbb{Z} + 6\mathbb{Z} = 2\mathbb{Z}$.

[解答] (1) まず $\mathbb{Z} + \mathbb{Z} \subset \mathbb{Z}$ は明らか．逆に, 任意の $k \in \mathbb{Z}$ に対して $k = k + 0 \in \mathbb{Z} + \mathbb{Z}$ が成り立つことより $\mathbb{Z} + \mathbb{Z} \supset \mathbb{Z}$ がわかる．

(2) まず, 任意の $k, l \in \mathbb{Z}$ に対して $4k + 6l = 2(2k + 3l) \in 2\mathbb{Z}$ が成り立つことより $4\mathbb{Z} + 6\mathbb{Z} \subset 2\mathbb{Z}$ がわかる．逆に, 任意の $k \in \mathbb{Z}$ に対して $2k = 4(-k) + 6k \in 4\mathbb{Z} + 6\mathbb{Z}$ が成り立つことより $4\mathbb{Z} + 6\mathbb{Z} \supset 2\mathbb{Z}$ がわかる． □

命題 3.6 (1) $A_1 + A_2 = A_2 + A_1$.
(2) $(A_1 + A_2) + A_3 = A_1 + (A_2 + A_3) = A_1 + A_2 + A_3$.
(3) $b(A_1 + A_2) = bA_1 + bA_2$.

[証明] 定義より明らか． □

問 3.7 $(b_1 + b_2)A = b_1 A + b_2 A$ は成り立つか．

命題 3.8 $A_1, A_2, \ldots, A_r \subset \mathbb{Z}$ が加法（減法）について閉じているならば, そ

れらの和 $A_1 + A_2 + \cdots + A_r$ や共通部分 $A_1 \cap A_2 \cap \cdots \cap A_r$ も加法（減法）について閉じている．

証明 $x_i, y_i \in A_i$ $(1 \leq i \leq r)$ とすると，

$$(x_1+x_2+\cdots+x_r) \pm (y_1+y_2+\cdots+y_r) = (x_1 \pm y_1)+(x_2 \pm y_2)+\cdots+(x_r \pm y_r).$$

これより前者の主張が直ちに従う．後者の主張は明らか． □

命題 3.9 $A \subset \mathbb{Z}$ $(A \neq \emptyset)$ が減法について閉じているとき
 (1) $0 \in A$.
 (2) $x \in A \implies -x \in A$.
 (3) A は加法について閉じている．

証明 (1) $A \neq \emptyset$ より，$x \in A$ を任意にとると，$0 = x - x$ は A に属する．
 (2) (1) より $0 \in A$ であるから，$-x = 0 - x$ は A に属する．
 (3) $x, y \in A$ とすると，(2) より $-y \in A$ であるから，$x + y = x - (-y)$ は A に属する． □

問 3.10 $A \subset \mathbb{Z}$ が減法について閉じているならば，次が成り立つことを示せ．
 (1) $A + A = A$.
 (2) 任意の $b \in \mathbb{Z}$ に対して $bA \subset A$.

定理 3.11 $A \subset \mathbb{Z}$ は減法について閉じていて，空集合や $\{0\}$ ではないとする．このとき，A に属する正の数のうち最小のものを a とすると $A = a\mathbb{Z}$ が成り立つ．

証明 まず，$a \in A$ であるから，命題 3.9 より $a\mathbb{Z} \subset A$ となることがわかる．次に，任意の $x \in A$ に対し，x を a で割った商，余りをそれぞれ q, r とすると，再び命題 3.9 より $r = x - aq$ は A に属することがわかるから，a の最小性より $r = 0$ でなければならない．したがって $x = aq \in a\mathbb{Z}$ となり，$A \subset a\mathbb{Z}$ を得る．なお，上のような a が存在することは，命題 3.9 の (2) により保証される． □

系 3.12 $A \subset \mathbb{Z}$ $(A \neq \emptyset)$ が減法について閉じているならば, $A = a\mathbb{Z}$ となるような $a \in \mathbb{Z}_{\geq 0}$ が一意的に存在する.

証明 a の存在について, $A \neq \{0\}$ の場合はすでに示した. $A = \{0\}$ の場合には $a = 0$ とおけばよい. a の一意性は命題 3.4 の (2) による. □

3.2 約数と倍数

$a, b \in \mathbb{Z}$ に対し, $b = ak$ となるような $k \in \mathbb{Z}$ が存在するとき, a は b の**約数** (a は b を**割り切る**), b は a の**倍数** (b は a で**割り切れる**) であるといい, そのことを $a \mid b$ と表す. 任意の $a \in \mathbb{Z}$ に対して ± 1 と $\pm a$ は a の約数であり, 0 は a の倍数である. なお約数のことを**因数**ともいう.

注意 3.13 (1) $a \mid b$ であれば, 任意の $c \in \mathbb{Z}$ に対して $ac \mid bc$ が成り立つ.
(2) $ac \mid bc$ かつ $c \neq 0$ であれば, $a \mid b$ が成り立つ.
(3) $a \mid b$ かつ $b \neq 0$ であれば, $|a| \leq |b|$ が成り立つ.

命題 3.14 $a, b \in \mathbb{Z}$ に対して

$$a \mid b \iff b \in a\mathbb{Z} \iff b\mathbb{Z} \subset a\mathbb{Z}.$$

証明 $a \mid b$ と $b \in a\mathbb{Z}$ の同値性は定義より明らか. いま $b = ak$ $(k \in \mathbb{Z})$ とすると, 任意の $l \in \mathbb{Z}$ に対し, $bl = (ak)l = a(kl)$ で, $kl \in \mathbb{Z}$. したがって $b\mathbb{Z} \subset a\mathbb{Z}$ が成り立つ. 逆に $b\mathbb{Z} \subset a\mathbb{Z}$ とすると, $b = b \cdot 1 \in b\mathbb{Z} \subset a\mathbb{Z}$ となる. □

系 3.15 (1) $a \mid b$ かつ $b \mid c \implies a \mid c$.
(2) $a \mid b$ かつ $b \mid a \iff a = b$ または $a = -b$.

証明 (1) $a \mid b$ かつ $b \mid c$ ならば $c\mathbb{Z} \subset b\mathbb{Z} \subset a\mathbb{Z}$ となることによる.
(2) 条件 $a \mid b$ かつ $b \mid a$ は $a\mathbb{Z} = b\mathbb{Z}$ と同値であるから, 命題 3.4 の (2) により主張を得る. □

$a_1, a_2, \ldots, a_r \in \mathbb{Z}$ の共通の約数を**公約数**, 共通の倍数を**公倍数**という. また, 正の公約数のうち最大のものを**最大公約数** (greatest common divisor),

3.2 約数と倍数

正の公倍数のうち最小のものを**最小公倍数** (least common multiple) といい，それぞれ

$$\gcd(a_1, a_2, \ldots, a_r), \qquad \mathrm{lcm}(a_1, a_2, \ldots, a_r)$$

で表す．ただし，$a_1, a_2, \ldots, a_r$ がすべて 0 の場合には，それらの最大公約数は 0 と定める．さらに，$a_1, a_2, \ldots, a_r$ の中に 0 がある場合には，それらの最小公倍数は 0 と定める．

定理 3.16 $a_1, a_2, \ldots, a_r \in \mathbb{Z}$ の最大公約数を g，最小公倍数を l とおくとき

$$a_1\mathbb{Z} + a_2\mathbb{Z} + \cdots + a_r\mathbb{Z} = g\mathbb{Z}, \qquad a_1\mathbb{Z} \cap a_2\mathbb{Z} \cap \cdots \cap a_r\mathbb{Z} = l\mathbb{Z}.$$

証明 $g^*, l^* \in \mathbb{Z}_{\geq 0}$ をそれぞれ

$$a_1\mathbb{Z} + a_2\mathbb{Z} + \cdots + a_r\mathbb{Z} = g^*\mathbb{Z}, \qquad a_1\mathbb{Z} \cap a_2\mathbb{Z} \cap \cdots \cap a_r\mathbb{Z} = l^*\mathbb{Z}$$

によって定め（命題 3.8 と系 3.12 を用いた），$g^* = g$ と $l^* = l$ を示す．

まず

$$g^* = g^* \cdot 1 \in g^*\mathbb{Z} = a_1\mathbb{Z} + a_2\mathbb{Z} + \cdots + a_r\mathbb{Z}$$

より，$a_1 k_1 + a_2 k_2 + \cdots + a_r k_r = g^*$ をみたす $k_1, k_2, \ldots, k_r \in \mathbb{Z}$ が存在する．これより $a_1, a_2, \ldots, a_r$ の公約数は g^* を割り切ることがわかるから，とくに $g \neq 0$ であれば $g \mid g^*$. 他方，

$$a_1 = a_1 \cdot 1 + a_2 \cdot 0 + \cdots + a_r \cdot 0 \in a_1\mathbb{Z} + a_2\mathbb{Z} + \cdots + a_r\mathbb{Z} = g^*\mathbb{Z}$$

より $g^* \mid a_1$. 同様にして g^* は $a_1, a_2, \ldots, a_r$ の公約数であることがわかるから，$g \neq 0$ であれば $g^* \leq g$. なお，$g = 0$ であれば明らかに $g^* = 0$. 以上により $g^* = g$ を得る．

$a_1\mathbb{Z} \cap a_2\mathbb{Z} \cap \cdots \cap a_r\mathbb{Z}$ は，$a_1, a_2, \ldots, a_r$ の公倍数の全体に一致する．また，$l^* \neq 0$ であれば，l^* は $a_1\mathbb{Z} \cap a_2\mathbb{Z} \cap \cdots \cap a_r\mathbb{Z} = l^*\mathbb{Z}$ に含まれる正の数のうち最小のものである．さらに，

$$a_1 a_2 \cdots a_r \in a_1\mathbb{Z} \cap a_2\mathbb{Z} \cap \cdots \cap a_r\mathbb{Z} = l^*\mathbb{Z}$$

より，$l^* = 0$ であれば $a_1 a_2 \cdots a_r = 0$ となることがわかる．以上により $l^* = l$

を得る. □

系 3.17 $a_1, a_2, \ldots, a_r \in \mathbb{Z}$ とするとき,
$$a_1 k_1 + a_2 k_2 + \cdots + a_r k_r = \gcd(a_1, a_2, \ldots, a_r)$$
をみたす $k_1, k_2, \ldots, k_r \in \mathbb{Z}$ が存在する.

証明 定理より明らか. □

系 3.18 $a_1, a_2, \ldots, a_r \in \mathbb{Z}$ とするとき, $b \in \mathbb{Z}$ に対して
(1) b は $a_1, a_2, \ldots, a_r$ の公約数 $\iff b \mid \gcd(a_1, a_2, \ldots, a_r)$.
(2) b は $a_1, a_2, \ldots, a_r$ の公倍数 $\iff \mathrm{lcm}(a_1, a_2, \ldots, a_r) \mid b$.

証明 定理の証明より明らか. □

例題 3.19

$a, b \in \mathbb{Z}_{>0}$ とするとき, $g := \gcd(a, b)$ と $l := \mathrm{lcm}(a, b)$ の積は ab に一致することを示せ.

解答 $\frac{ab}{g} = a \frac{b}{g}$ と $g \mid b$ より $\frac{ab}{g}$ は a の倍数である. 同様にして $\frac{ab}{g}$ は b の倍数でもあることがわかるから, $\frac{ab}{g}$ は l の倍数である. つまり $\frac{ab}{g} = ln$ をみたす $n \in \mathbb{Z}$ が存在する. このとき, $\frac{a}{gn} = \frac{l}{b}$ と $b \mid l$ より gn は a の約数である. 同様にして gn は b の約数でもあることがわかるから, $gn \mid g$, すなわち $n \mid 1$ が従う. よって $n = 1$ となり, $ab = gl$ を得る. □

問 3.20 $a, b, c \in \mathbb{Z}$ に対し, 次を示せ.
(1) $\gcd(\gcd(a, b), c) = \gcd(a, \gcd(b, c)) = \gcd(a, b, c)$.
(2) $\mathrm{lcm}(\mathrm{lcm}(a, b), c) = \mathrm{lcm}(a, \mathrm{lcm}(b, c)) = \mathrm{lcm}(a, b, c)$.
(3) $\gcd(ab, ac) = |a| \gcd(b, c)$.
(4) $\mathrm{lcm}(ab, ac) = |a| \mathrm{lcm}(b, c)$.

互いに素な整数

$a, b \in \mathbb{Z}$ が $\gcd(a, b) = 1$ をみたすとき, a と b は**互いに素**であるという.

定理 3.21 $a, b \in \mathbb{Z}$ が互いに素であるためには $ak + bl = 1$ となるような $k, l \in \mathbb{Z}$ が存在することが必要かつ十分である．

証明 系 3.17 より必要性は明らか．逆に $ak + bl = 1$ $(k, l \in \mathbb{Z})$ とすると，$1 \in a\mathbb{Z} + b\mathbb{Z}$ より $a\mathbb{Z} + b\mathbb{Z} = \mathbb{Z}$，すなわち $\gcd(a, b) = 1$ となることがわかる．□

系 3.22 $a, b \in \mathbb{Z}$ が互いに素であるとき，$c \in \mathbb{Z}$ に対して
(1) $a \mid bc \implies a \mid c$.
(2) $a \mid c$ かつ $b \mid c \implies ab \mid c$.

証明 (1) $ak + bl = 1$ をみたす $k, l \in \mathbb{Z}$ をとり，$bc = am$ とすると，$c = 1 \cdot c = (ak + bl)c = a(ck + lm)$.

(2) $c = am$ とすると $b \mid am$ となるから，(1) より $b \mid m$. したがって $m = bn$ とすると，$c = a(bn) = (ab)n$．□

系 3.23 $a, b, c \in \mathbb{Z}$ に対して

$$\gcd(a, c) = \gcd(b, c) = 1 \iff \gcd(ab, c) = 1.$$

証明 まず $\gcd(a, c) = \gcd(b, c) = 1$ とし，$ak + cl = bm + cn = 1$ をみたす $k, l, m, n \in \mathbb{Z}$ をとると

$$1 = 1 \cdot 1 = (ak + cl)(bm + cn) = (ab)(km) + c(akn + blm + cln)$$

となるから，$\gcd(ab, c) = 1$ がわかる．

逆に $\gcd(ab, c) = 1$ とし，$(ab)k + cl = 1$ をみたす $k, l \in \mathbb{Z}$ をとると

$$1 = a(bk) + cl = b(ak) + cl$$

より $\gcd(a, c) = \gcd(b, c) = 1$ がわかる．□

命題 3.24 $a_1, a_2, \ldots, a_r \in \mathbb{Z}_{>0}$ $(r \geq 2)$ が条件 $\gcd(a_i, a_j) = 1$ $(i \neq j)$ をみたすとき，

$$\mathrm{lcm}(a_1, a_2, \ldots, a_r) = a_1 a_2 \cdots a_r.$$

証明 r に関する数学的帰納法により示す.

まず $r = 2$ の場合は例題 3.19 で示したことより明らか.

次に $r \geq 3$ とし,$a = a_1 a_2 \cdots a_{r-1}$ とおくと,再び例題 3.19 で示したことより

$$\gcd(a, a_r)\, \mathrm{lcm}(a, a_r) = a a_r = a_1 a_2 \cdots a_{r-1} a_r.$$

ここで,系 3.23 を繰り返し用いることにより

$$\gcd(a, a_r) = \gcd(a_1 a_2 \cdots a_{r-1}, a_r) = 1$$

となることがわかる.また,帰納法の仮定より

$$\mathrm{lcm}(a_1, a_2, \ldots, a_{r-1}) = a_1 a_2 \cdots a_{r-1} = a$$

が成り立っているから,

$$\mathrm{lcm}(a, a_r) = \mathrm{lcm}(\mathrm{lcm}(a_1, a_2, \ldots, a_{r-1}), a_r) = \mathrm{lcm}(a_1, a_2, \ldots, a_{r-1}, a_r).$$

よって

$$\mathrm{lcm}(a_1, a_2, \ldots, a_r) = a_1 a_2 \cdots a_r$$

を得る. □

ユークリッドの互除法

補題 3.25 $a, b \in \mathbb{Z}$ とするとき,任意の $k \in \mathbb{Z}$ に対して

$$\gcd(a + bk, b) = \gcd(a, b).$$

証明 まず,任意の $l, m \in \mathbb{Z}$ に対して $(a+bk)l + bm = al + b(kl+m) \in a\mathbb{Z} + b\mathbb{Z}$ が成り立つことより $(a+bk)\mathbb{Z} + b\mathbb{Z} \subset a\mathbb{Z} + b\mathbb{Z}$.逆に,任意の $l, m \in \mathbb{Z}$ に対して $al + bm = (a+bk)l + b(-kl+m) \in (a+bk)\mathbb{Z} + b\mathbb{Z}$ が成り立つことより $(a+bk)\mathbb{Z} + b\mathbb{Z} \supset a\mathbb{Z} + b\mathbb{Z}$.したがって $(a+bk)\mathbb{Z} + b\mathbb{Z} = a\mathbb{Z} + b\mathbb{Z}$ となり,主張を得る. □

3.2 約数と倍数

定理 3.26 $a, b \in \mathbb{Z}$ $(b > 0)$ に対し,$a_i, b_i, q_i \in \mathbb{Z}$ $(i = 0, 1, 2, \ldots)$ を $a_0 := a$, $b_0 := b$ ならびに

$$q_i := \left[\frac{a_i}{b_i}\right], \qquad a_{i+1} := b_i, \qquad b_{i+1} := a_i - b_i q_i$$

より定める.ただし,$b_i = 0$ となった場合には $q_i, a_{i+1}, b_{i+1}, \ldots$ は定義しない.このとき
(1) $b_{i_0} = 0$ となるような i_0 が存在する.
(2) (1) の i_0 に対して $a_{i_0} = \gcd(a, b)$.
(このようにして最大公約数を求める方法を**ユークリッドの互除法**という.)

証明 各 i に対して $a_i = b_i q_i + b_{i+1}$ と $0 \leq b_{i+1} < b_i$ が成り立つことを用いる.
(1) $b_0 > b_1 > b_2 > \cdots \geq 0$ より明らか.
(2) 補題 3.25 より,各 i に対して

$$\gcd(a_i, b_i) = \gcd(b_i q_i + b_{i+1}, b_i) = \gcd(b_{i+1}, b_i)$$

が成り立つことがわかる.ここで

$$\gcd(b_{i+1}, b_i) = \gcd(b_{i+1}, a_{i+1}) = \gcd(a_{i+1}, b_{i+1})$$

であるから,$\gcd(a_i, b_i) = \gcd(a_{i+1}, b_{i+1})$.これより

$$\gcd(a, b) = \gcd(a_0, b_0) = \gcd(a_1, b_1) = \cdots = \gcd(a_{i_0}, b_{i_0}) = \gcd(a_{i_0}, 0).$$

したがって $\gcd(a_{i_0}, 0) = a_{i_0}$ より主張を得る. □

系 3.27 記号や仮定は定理と同じとし,$k_i, l_i \in \mathbb{Z}$ $(i = 0, 1, \ldots, i_0)$ を

$$\begin{cases} k_0 := 1 \\ l_0 := 0 \end{cases}, \qquad \begin{cases} k_1 := 0 \\ l_1 := 1 \end{cases}, \qquad \begin{cases} k_{i+2} := k_i - k_{i+1} q_i \\ l_{i+2} := l_i - l_{i+1} q_i \end{cases}$$

により定める.このとき $a_i = a k_i + b l_i$.とくに $\gcd(a, b) = a k_{i_0} + b l_{i_0}$.

証明 i に関する数学的帰納法により示す.

まず $i=0,1$ の場合は明らか．次に $i \geq 2$ とすると，帰納法の仮定より $a_{i-2} = ak_{i-2} + bl_{i-2}$ と $a_{i-1} = ak_{i-1} + bl_{i-1}$ が成り立っているから，

$$ak_i + bl_i = a(k_{i-2} - k_{i-1}q_{i-2}) + b(l_{i-2} - l_{i-1}q_{i-2})$$
$$= (ak_{i-2} + bl_{i-2}) - (ak_{i-1} + bl_{i-1})q_{i-2}$$
$$= a_{i-2} - a_{i-1}q_{i-2}.$$

ここで

$$a_{i-2} - a_{i-1}q_{i-2} = a_{i-2} - b_{i-2}q_{i-2} = b_{i-1} = a_i$$

であるから，$ak_i + bl_i = a_i$ を得る． □

例 3.28 $a = 188, b = 68$ とすると，

$188 = 68 \cdot 2 + 52, \qquad 68 = 52 \cdot 1 + 16, \qquad 52 = 16 \cdot 3 + 4, \qquad 16 = 4 \cdot 4 + 0$

より

$$\begin{cases} q_0 = 2 \\ a_1 = 68 \\ b_1 = 52 \end{cases}, \quad \begin{cases} q_1 = 1 \\ a_2 = 52 \\ b_2 = 16 \end{cases}, \quad \begin{cases} q_2 = 3 \\ a_3 = 16 \\ b_3 = 4 \end{cases}, \quad \begin{cases} q_3 = 4 \\ a_4 = 4 \\ b_4 = 0 \end{cases}.$$

したがって $i_0 = 4$ で，

$$\begin{cases} k_2 = 1 \\ l_2 = -2 \end{cases}, \quad \begin{cases} k_3 = -1 \\ l_3 = 3 \end{cases}, \quad \begin{cases} k_4 = 4 \\ l_4 = -11 \end{cases}.$$

以上より $\gcd(188, 68) = 4 = 188 \cdot 4 + 68 \cdot (-11)$．

例題 3.29

$\gcd(35, 21, 15)$ を求め，$35k + 21l + 15m = \gcd(35, 21, 15)$ をみたす $k, l, m \in \mathbb{Z}$ を構成せよ．

[解答] まず 35 と 21 に対してユークリッドの互除法を適用すると，

$$35 = 21 \cdot 1 + 14, \qquad 21 = 14 \cdot 1 + 7, \qquad 14 = 7 \cdot 2 + 0$$

より $\gcd(35, 21) = 7 = 35 \cdot (-1) + 21 \cdot 2$ を得る．続いて 15 と 7 に対してユー

クリッドの互除法を適用すると，

$$15 = 7 \cdot 2 + 1, \qquad 7 = 1 \cdot 7 + 0$$

より $\gcd(15, 7) = 1 = 15 \cdot 1 + 7 \cdot (-2)$ を得る．以上より

$$\gcd(35, 21, 15) = \gcd(\gcd(35, 21), 15) = \gcd(7, 15) = 1$$

ならびに

$1 = 15 \cdot 1 + 7 \cdot (-2) = 15 \cdot 1 + (35 \cdot (-1) + 21 \cdot 2) \cdot (-2) = 35 \cdot 2 + 21 \cdot (-4) + 15 \cdot 1$

がわかる． □

3.3 素数と素因数分解

2 以上の整数で，1 とその数自身以外に正の約数をもたないものを**素数**といい，そうでないものを**合成数**という（1 は素数とも合成数ともよばない）．

命題 3.30 p を素数とするとき，$a, b \in \mathbb{Z}$ に対して

$$p \mid ab \implies p \mid a \text{ または } p \mid b.$$

証明 $p \mid ab$ かつ $p \nmid a$ とすると，$\gcd(p, a) = 1$ となるから，系 3.22 の (1) より $p \mid b$．これより主張を得る． □

系 3.31 $p_1, p_2, \ldots, p_r$ を相異なる素数とする．
(1) $e_1, e_2, \ldots, e_r > 0$ とするとき，$p_1^{e_1} p_2^{e_2} \cdots p_r^{e_r}$ を割り切る素数は $p_1, p_2, \ldots, p_r$ に限る．
(2) $e_1, e_2, \ldots, e_r \geq 0$ と $f_1, f_2, \ldots, f_r \geq 0$ に対して

$$p_1^{e_1} p_2^{e_2} \cdots p_r^{e_r} \mid p_1^{f_1} p_2^{f_2} \cdots p_r^{f_r} \iff e_1 \leq f_1, \ e_2 \leq f_2, \ \ldots, \ e_r \leq f_r.$$

証明 (1) 素数 p が $p \mid p_1^{e_1} p_2^{e_2} \cdots p_r^{e_r}$ をみたしたとすると，命題 3.30 より $p \mid p_i$ をみたす i が存在することがわかる．ここで，p_i は素数かつ $p \geq 2$ であるから，$p = p_i$ でなければならない．

(2) まず $p_1^{e_1} p_2^{e_2} \cdots p_r^{e_r} \mid p_1^{f_1} p_2^{f_2} \cdots p_r^{f_r}$ とする．いま仮に $e_1 > f_1$ とすると，$p_1^{e_1-f_1} p_2^{e_2} \cdots p_r^{e_r} \mid p_2^{f_2} \cdots p_r^{f_r}$ より $p_1 \mid p_2^{f_2} \cdots p_r^{f_r}$ がわかるから，命題 3.30 より $p_1 \mid p_i$ をみたす $i \neq 1$ が存在する（または $p_1 \mid 1$ が成り立つ）ことになり矛盾を生じる．よって $e_1 \leq f_1$．同様にして $e_2 \leq f_2, \ldots, e_r \leq f_r$ もわかる．逆向きの主張は明らか． □

> **定理 3.32**（初等整数論の基本定理） 任意の $a \in \mathbb{Z}$ $(a \geq 2)$ は有限個の素数の積として順序の違いを除いて一意的に表せる．この表示を a の**素因数分解**という．

証明 まず a が有限個の素数の積に表せることを示す．いま a が r 個の正の整数の積に分解されたとする．

$$a = a_1 a_2 \cdots a_r.$$

ただし $a_1, a_2, \ldots, a_r \in \mathbb{Z}_{>0}$ は 1 ではないとする．このとき，$a_i \geq 2$ より $a \geq 2^r$ となるから，$r \leq \log_2 a$ でなければならない．したがって r が最大となるような分解が存在し，そのような分解に対しては $a_1, a_2, \ldots, a_r$ は素数でなければならない（素数でないものがあるとすると r の最大性に反する）．以上より a は高々 $[\log_2 a]$ 個の素数の積として表せることがわかる．

次に分解の一意性を示す．いま a が相異なる素数 $p_1, p_2, \ldots, p_r$ と $e_i \geq 0$, $f_i \geq 0$ によって $a = p_1^{e_1} p_2^{e_2} \cdots p_r^{e_r} = p_1^{f_1} p_2^{f_2} \cdots p_r^{f_r}$ と（見かけ上）2 通りに分解されたとする．このとき，$p_1^{e_1} p_2^{e_2} \cdots p_r^{e_r} \mid p_1^{f_1} p_2^{f_2} \cdots p_r^{f_r}$ ならびに $p_1^{f_1} p_2^{f_2} \cdots p_r^{f_r} \mid p_1^{e_1} p_2^{e_2} \cdots p_r^{e_r}$ が成り立つから，系 3.31 の (2) より $e_1 = f_1, e_2 = f_2, \ldots, e_r = f_r$ が従う． □

注意 3.33 上の定理では $a \geq 2$ としているが，1 は 0 個の素数の積と見なすことにすれば，定理の主張は任意の正の整数に対して成立する．

系 3.34 $p_1, p_2, \ldots, p_r$ を相異なる素数とする．

(1) $a = p_1^{e_1} p_2^{e_2} \cdots p_r^{e_r}$ $(e_i > 0)$ の正の約数は $p_1^{f_1} p_2^{f_2} \cdots p_r^{f_r}$ $(0 \leq f_i \leq e_i)$ に限る．

(2) $a = p_1^{e_1} p_2^{e_2} \cdots p_r^{e_r}$ $(e_i \geq 0)$ と $b = p_1^{f_1} p_2^{f_2} \cdots p_r^{f_r}$ $(f_i \geq 0)$ に対して，

$g_i = \min(e_i, f_i)$ とおくと，$\gcd(a,b) = p_1^{g_1} p_2^{g_2} \cdots p_r^{g_r}$.

証明 (1) 定理 3.32 と系 3.31 による．

(2) (1) より $\gcd(a,b) = p_1^{g_1^*} p_2^{g_2^*} \cdots p_r^{g_r^*}$ ($0 \le g_i^* \le g_i$) となることがわかるから，$\gcd(a,b) \mid p_1^{g_1} p_2^{g_2} \cdots p_r^{g_r}$ が成り立つ．他方，$p_1^{g_1} p_2^{g_2} \cdots p_r^{g_r}$ は a と b の公約数であるから，$p_1^{g_1} p_2^{g_2} \cdots p_r^{g_r} \mid \gcd(a,b)$ が成り立つ．以上より $\gcd(a,b) = p_1^{g_1} p_2^{g_2} \cdots p_r^{g_r}$ を得る． □

問 3.35 $p_1, p_2, \ldots, p_r$ を相異なる素数とするとき，$a = p_1^{e_1} p_2^{e_2} \cdots p_r^{e_r}$ ($e_i \ge 0$) と $b = p_1^{f_1} p_2^{f_2} \cdots p_r^{f_r}$ ($f_i \ge 0$) に対して，$h_i = \max(e_i, f_i)$ とおくと，$\mathrm{lcm}(a,b) = p_1^{h_1} p_2^{h_2} \cdots p_r^{h_r}$ となることを示せ．

系 3.36 $a_1, a_2, \ldots, a_r \in \mathbb{Z}$ に対して次の条件 (a), (b) は互いに同値である．
(a) $\gcd(a_1, a_2, \ldots, a_r) \ne 1$.
(b) 条件 $p \mid a_i$ ($1 \le i \le r$) をみたす素数 p が存在する．

証明 $\gcd(a_1, a_2, \ldots, a_r)$ の任意の素因数 p は $p \mid a_i$ ($1 \le i \le r$) をみたすことによる． □

例題 3.37

系 3.36 を利用して，$a, b, c \in \mathbb{Z}$ に対して
$$\gcd(a,c) = \gcd(b,c) = 1 \implies \gcd(ab,c) = 1$$
が成り立つことを示せ（系 3.23 参照）．

解答 $\gcd(ab, c) \ne 1$ とすると，$p \mid ab$ と $p \mid c$ を共にみたす素数 p が存在する．また $p \mid ab$ より $p \mid a$ または $p \mid b$ が成り立つ．$p \mid a$ であれば $\gcd(a,c) \ne 1$ となり，$p \mid b$ であれば $\gcd(b,c) \ne 1$ となる． □

3.4 数 の 合 同

$m \in \mathbb{Z}_{>0}$ と $a, b \in \mathbb{Z}$ に対し，$a - b \in m\mathbb{Z}$ であるとき a は b と m を**法**として合同であるといい，そのことを $a \equiv b \pmod{m}$ と表す．

例 3.38 (1) $a \equiv b \pmod{2}$ とは a と b の偶奇が一致することを意味する．

(2) $a, b > 0$ のとき，$a \equiv b \pmod{10}$ とは a と b の一の位が一致することを意味する．

命題 3.39 m を法とする合同関係は，集合 $\mathbb{Z}$ の同値関係を与える．

証明 命題 3.4 の (1) で述べたように，$m\mathbb{Z}$ は減法について閉じている．したがって命題 3.9 より

$a - a = 0 \in m\mathbb{Z}$,
$a - b \in m\mathbb{Z}$ ならば $b - a = -(a - b) \in m\mathbb{Z}$,
$a - b \in m\mathbb{Z}$ かつ $b - c \in m\mathbb{Z}$ ならば $a - c = (a - b) + (b - c) \in m\mathbb{Z}$.

つまり，m を法とする合同関係は反射律，対称律，推移律をみたす． □

命題 3.40 m を法とする合同関係について
(1) a を代表元とする同値類は $a + m\mathbb{Z} = \{a + mk \mid k \in \mathbb{Z}\}$.
(2) 集合 $\{a \in \mathbb{Z} \mid 0 \leq a < m\}$ や $\{a \in \mathbb{Z} \mid -\frac{m}{2} < a \leq \frac{m}{2}\}$ は完全代表系．

証明 (1) 定義より明らか．
(2) $a \in \mathbb{Z}$ を m で割った余りを r とおくと

$$a \equiv r \pmod{m}, \quad 0 \leq r < m.$$

これらの条件をみたす r は a から一意的に定まるから，$\{a \in \mathbb{Z} \mid 0 \leq a < m\}$ は完全代表系である．また，$\frac{m}{2} < a < m$ をみたす a に対しては $a \equiv a - m \pmod{m}$ と $-\frac{m}{2} < a - m < 0$ が成り立つことに注意すると，$\{a \in \mathbb{Z} \mid -\frac{m}{2} < a \leq \frac{m}{2}\}$ も完全代表系であることがわかる． □

命題 3.41 $a, a', b, b' \in \mathbb{Z}$ が $a \equiv a' \pmod{m}$ と $b \equiv b' \pmod{m}$ を共にみたすとき
(1) $a \pm b \equiv a' \pm b' \pmod{m}$.
(2) $ab \equiv a'b' \pmod{m}$.

証明 (1) $a - a' \in m\mathbb{Z}$ と $b - b' \in m\mathbb{Z}$ より

3.4 数の合同

$$(a \pm b) - (a' \pm b') = (a - a') \pm (b - b') \in m\mathbb{Z}$$

となることによる．

(2) $a - a' \in m\mathbb{Z}$ と $b - b' \in m\mathbb{Z}$ より

$$ab - a'b' = a(b - b') + b'(a - a') \in a(m\mathbb{Z}) + b'(m\mathbb{Z}) \subset m\mathbb{Z} + m\mathbb{Z} = m\mathbb{Z}$$

となることによる． □

上の命題は，m を法として加法，減法や乗法を行う際には，計算の途中で現れる数を合同な数で置き換えてもよいことを意味している．

例題 3.42

$10, 10^2, 10^3, 10^4, 10^5, 10^6$ を 7 で割った余りを計算せよ．

解答 $10 \equiv 3 \pmod{7}$ より

$$10^2 = 10 \cdot 10 \equiv 3 \cdot 3 \equiv 9 \equiv 2 \pmod{7},$$
$$10^3 = 10 \cdot 10^2 \equiv 3 \cdot 2 \equiv 6 \pmod{7},$$
$$10^4 = 10 \cdot 10^3 \equiv 3 \cdot 6 \equiv 18 \equiv 4 \pmod{7},$$
$$10^5 = 10 \cdot 10^4 \equiv 3 \cdot 4 \equiv 12 \equiv 5 \pmod{7},$$
$$10^6 = 10 \cdot 10^5 \equiv 3 \cdot 5 \equiv 15 \equiv 1 \pmod{7}$$

となることがわかるから，求める余りはそれぞれ 3, 2, 6, 4, 5, 1．なお，

$$10^3 = 10 \cdot 10^2 \equiv 3 \cdot 2 \equiv 6 \equiv -1 \pmod{7},$$
$$10^4 = 10 \cdot 10^3 \equiv 3 \cdot (-1) \equiv -3 \, (\equiv 4) \pmod{7},$$
$$10^5 = 10 \cdot 10^4 \equiv 3 \cdot (-3) \equiv -9 \equiv -2 \, (\equiv 5) \pmod{7},$$
$$10^6 = 10 \cdot 10^5 \equiv 3 \cdot (-2) \equiv -6 \equiv 1 \pmod{7}$$

と計算してもよい． □

例題 3.43

$a \in \mathbb{Z}_{>0}$ の一の位を a_0，十の位を a_1，百の位を a_2, ... とするとき，

$$a \equiv a_0 + a_1 + a_2 + \cdots \pmod{9}, \qquad a \equiv a_0 - a_1 + a_2 - \cdots \pmod{11}$$

> が成り立つことを示せ．

[解答] $a = a_0 + 10 a_1 + 10^2 a_2 + \cdots$ であるから，$10 = 9 + 1 \equiv 1 \pmod 9$ より

$$a \equiv a_0 + 1\,a_1 + 1^2\,a_2 + \cdots \equiv a_0 + a_1 + a_2 + \cdots \pmod 9$$

がわかる．同様に，$10 = 11 - 1 \equiv -1 \pmod{11}$ より

$$a \equiv a_0 + (-1)\,a_1 + (-1)^2\,a_2 + \cdots \equiv a_0 - a_1 + a_2 - \cdots \pmod{11}$$

もわかる． □

命題 3.44 $a \in \mathbb{Z}$ に対して

$$aa' \equiv 1 \pmod m \text{ をみたす } a' \in \mathbb{Z} \text{ が存在する} \iff \gcd(a, m) = 1.$$

[証明] 定理 3.21 より明らか． □

系 3.45 $a, b, c \in \mathbb{Z}$ が $ac \equiv bc \pmod m$ と $\gcd(c, m) = 1$ を共にみたすとき，$a \equiv b \pmod m$．

[証明] $\gcd(c, m) = 1$ より $cc' \equiv 1 \pmod m$ をみたす $c \in \mathbb{Z}$ が存在する．これより

$$a \equiv a \cdot 1 \equiv a(cc') \equiv (ac)c' \equiv (bc)c' \equiv b(cc') \equiv b \cdot 1 \equiv b \pmod m$$

となる． □

法の分解と合同式

以下では，$m_1, m_2, \ldots, m_r$ を条件 $\gcd(m_i, m_j) = 1 \ (i \neq j)$ をみたす正の整数とし，$m := m_1 m_2 \cdots m_r$ とおく．

命題 3.46 $a, b \in \mathbb{Z}$ に対して

$$a \equiv b \pmod m \iff a \equiv b \pmod{m_i} \quad (1 \leq i \leq r).$$

[証明] 定理 3.16 と命題 3.24 より

3.4 数の合同

$$m_1\mathbb{Z} \cap m_2\mathbb{Z} \cap \cdots \cap m_r\mathbb{Z} = m\mathbb{Z}$$

が成り立つことによる. □

命題 3.47 各 i に対して $n_i := m/m_i$ とおく. このとき
(1) $\gcd(n_1, n_2, \ldots, n_r) = 1$.
(2) $n_1 k_1 + n_2 k_2 + \cdots + n_r k_r = 1$ をみたす $k_1, k_2, \ldots, k_r \in \mathbb{Z}$ をとると,

$$n_i k_i \equiv 1 \pmod{m_i}, \qquad n_i k_i \equiv 0 \pmod{m_j} \quad (j \neq i).$$

証明 (1) 仮に $\gcd(n_1, n_2, \ldots, n_r) \neq 1$ とすると, 系 3.36 より $n_1, n_2, \ldots, n_r$ は共通の素因数 p をもつ. このとき $p \mid m$ であるから, $p \mid m_i$ となるような i が存在する. いま $i = 1$ であるとすると, 仮定より $p \nmid m_j$ ($2 \leq j \leq r$) となるから, $n_1 = m/m_1 = m_2 m_3 \cdots m_r$ は p で割り切れないことになり矛盾を生じる. $i \geq 2$ の場合も同様であるから, $\gcd(n_1, n_2, \ldots, n_r) = 1$ でなければならない.

(2) m_j は $m = m_i n_i$ を割り切るから, $i \neq j$ ならば $m_j \mid n_i$ となり, 後者の合同式 $n_i k_i \equiv 0 \pmod{m_j}$ を得る. これより前者の合同式もわかる. □

系 3.48 任意の $a_1, a_2, \ldots, a_r \in \mathbb{Z}$ に対し, 条件

$$a \equiv a_i \pmod{m_i} \quad (1 \leq i \leq r)$$

をみたす $a \in \mathbb{Z}$ が m を法として一意的に存在する. さらに

$$\gcd(a_i, m_i) = 1 \ (1 \leq i \leq r) \iff \gcd(a, m) = 1.$$

証明 $a := a_1 n_1 k_1 + a_2 n_2 k_2 + \cdots + a_r n_r k_r$ は与えられた合同式をすべてみたす. また, $a' \in \mathbb{Z}$ も同じ条件をみたしたとすると, $a \equiv a' \pmod{m_i}$ ($1 \leq i \leq r$) より $a \equiv a' \pmod{m}$ となる. さらに, 補題 3.25 より $\gcd(a, m_i) = \gcd(a_i, m_i)$ が成り立つことに注意し, 系 3.23 を用いれば, 最後の主張も得られる. □

例 3.49 $m_1 = 3$, $m_2 = 5$, $m_3 = 7$ とすると, $\gcd(3, 5) = \gcd(3, 7) = \gcd(5, 7) = 1$ で, $n_1 = 35$, $n_2 = 21$, $n_3 = 15$. 例題 3.29 で求めたように

$35 \cdot 2 + 21 \cdot (-4) + 15 \cdot 1 = 1$ であるから，

$$70\,a - 84\,b + 15\,c \equiv \begin{cases} a & (\text{mod } 3) \\ b & (\text{mod } 5) \\ c & (\text{mod } 7) \end{cases}$$

が成り立つ．なお $3 \cdot 5 \cdot 7 = 105$ と $-84 \equiv 21 \pmod{105}$ より，$3, 5, 7$ のいずれを法としても -84 は 21 と合同である．よって

$$70\,a + 21\,b + 15\,c \equiv \begin{cases} a & (\text{mod } 3) \\ b & (\text{mod } 5) \\ c & (\text{mod } 7) \end{cases}$$

も成り立つ．

■■演習問題■■■■■■■■■■■■■■■■■■■■■■■■■

◆演習 1　$2^5 = 32$ と $341 = 11 \cdot 31$ を利用して，2^{340} を 341 で割った余りを計算せよ．

◆演習 2　$a \in \mathbb{Z}$ で条件

$$a \equiv \begin{cases} 3 & (\text{mod } 7) \\ 1 & (\text{mod } 8) \\ 4 & (\text{mod } 9) \end{cases}$$

ならびに $0 \leq a < 504$ をみたすものを求めよ．

◆演習 3　$x^2 + y^2 = 3z^2$ をみたす $x, y, z \in \mathbb{Z}$ は $x = y = z = 0$ に限ることを示せ．

◆演習 4　$a \in \mathbb{Z}_{>0}$ とするとき，相異なる $e, f > 0$ に対して次が成り立つことを示せ．

$$\gcd(a^{2^e} + 1,\ a^{2^f} + 1) = \begin{cases} 1 & (\text{a が偶数の場合}) \\ 2 & (\text{a が奇数の場合}) \end{cases}.$$

◆演習 5　整数を成分とする n 次正方行列 A の対角成分がすべて奇数，それ以外の成分がすべて偶数であるならば，行列式 $\det(A)$ は 0 でないことを示せ．

第4章

群

　整数や実数は和と積の演算をもち，これらの演算はいくつかの法則をみたし，その法則はいろいろな性質を導く際に使われる．整数や実数という具体的な対象から離れて，集合に一つの演算を導入し，いくつかの法則や性質を公理としてもつ抽象化された対象のうちもっともシンプルな代数系が群である．群の概念は代数方程式の解の置換として生まれたものであるが，群それ自体が一つの研究対象である．本章では，群の基本事項について述べる．

4.1 演算と半群

　S を空でない集合とする．直積集合 $S \times S$ から S への写像 φ を S の**演算**（または**二項演算**）という．つまり，演算とは S の 2 つの元に対して S の元がただ一通りに定まる規則である．演算による $(a,b) \in S \times S$ の像 $\varphi(a,b)$ を a と b の**積**とよび，$a \cdot b$ または $a * b$，あるいは，単に ab と書く．集合 S に演算が定義されているとき，S に**乗法**が定まっているともいう．演算とは，通常使われている実数の加法や乗法を抽象化した概念といえる．

例 4.1 実数全体の集合 $\mathbb{R}$ において，通常の加法 $(x,y) \mapsto x+y$，乗法 $(x,y) \mapsto xy$，および，減法 $(x,y) \mapsto x-y$ は演算を与える．しかし，除法 $(x,y) \mapsto \frac{x}{y}$ は $y=0$ のとき未定義であり，$\mathbb{R} \times \mathbb{R}$ 全体で定義されていないので，$\mathbb{R}$ の演算ではない．有理数全体の集合 $\mathbb{Q}$ や整数全体の集合 $\mathbb{Z}$ においても同様に，通常の加法，乗法および減法は演算であるが，除法は演算ではない．一方，自然数全体の集合 $\mathbb{N}$ においては，通常の加法と乗法は演算を与え，除法が演算でないことは同様であるが，減法は，たとえば $3-8=-5 \notin \mathbb{N}$ となり，$\mathbb{N} \times \mathbb{N}$ から $\mathbb{N}$ への写像とはならないので，$\mathbb{N}$ の演算ではない．

例 4.2 3.2 節で $a, b \in \mathbb{Z}$ について定めた $\gcd(a, b)$ は，a, b のいずれかが 0 でないときには文字通り a と b の最大公約数を表し，a, b がともに 0 のときには 0 となる記号であった．よって，gcd は $\mathbb{Z} \times \mathbb{Z}$ から $\mathbb{Z}$ への写像であり，したがって，$\mathbb{Z}$ の演算である．

集合 S の演算を $\cdot$ で表すことにする．任意の $a, b, c \in S$ に対して $(a \cdot b) \cdot c = a \cdot (b \cdot c)$ が成り立つとき，演算 $\cdot$ は**結合律**をみたすという．また，任意の $a, b \in S$ に対して $a \cdot b = b \cdot a$ が成り立つとき，演算 $\cdot$ は**交換律**をみたす（または**可換である**）という．交換律をみたす演算は $+$ と書かれることもあり，そのときには乗法ではなく**加法**とよび，$a + b$ を a と b の**和**という．さらに，部分集合 $T \subset S$ について $a, b \in T$ ならば $a \cdot b \in T$ が成り立つとき，T は演算 $\cdot$ に関して**閉じている**という．とくに，S に演算 $\cdot$ が定まっているということは，S は演算 $\cdot$ に関して閉じているということである．

例 4.3 $\mathbb{R}$ は通常の加法，減法，および乗法に関して閉じており，加法と乗法は結合律と交換律をみたすが，減法は結合律も交換律もみたさない．このことは $\mathbb{Q}$ や $\mathbb{Z}$ でも同様である．一方，$\mathbb{N}$ は通常の加法と乗法に関して閉じており，結合律と交換律をみたすが，減法に関しては閉じていない．

以下，とくに演算の記号を強調する必要がないときには，演算 $a \cdot b$ を単に ab で表す．集合 S に演算が定義されていて，それが結合律をみたすとき，S はその演算に関して**半群**であるという．半群 S では結合律が成り立つので，3 つの元 $a, b, c \in S$ をこの順で並べて積を作れば，$(ab)c$ も $a(bc)$ も同じ S の元を与える．$n > 3$ のときにも n 個の元 $a_1, a_2, \ldots, a_n \in S$ について，この順で並べて積を作るとき，同様に結合律により，元の並べ方を変えなければ，どの隣り合う積から順に演算を行っても最後に得られる結果は同じ S の元を与える．そこで，これを単に $a_1 a_2 \cdots a_n$ と書くことにする．

例 4.4 $\mathbb{Z}$ の演算 gcd について，$\gcd(a, \gcd(b, c)) = \gcd(\gcd(a, b), c)$ が成り立つので，gcd は結合律をみたす．よって，$\mathbb{Z}$ は演算 gcd に関して半群である．

演算 $\cdot$ に関する半群 S において，任意の $a \in S$ に対して
$$a \cdot e = e \cdot a = a$$

をみたす（a に依らない）$e \in S$ が存在するとき，この e を（演算 $\cdot$ に関する）S の**単位元**とよぶ．

例 4.5　$\mathbb{R}$ は通常の乗法と加法に関して半群であり，0 は加法に関する単位元，1 は乗法に関する単位元である．また，$\mathbb{N}$ も通常の乗法と加法に関して半群であり，1 は乗法に関する単位元であるが，加法に関する単位元は存在しない．

半群において次が成り立つ．

命題 4.6（単位元の一意性）　半群の単位元は存在すれば唯一つである．

証明　$e, e' \in S$ を単位元とする（3 つ以上あればそのうちの任意の 2 つをとる．以下この類の議論では同様）．任意の $a \in S$ に対して $ae = ea = a$ と $ae' = e'a = a$ が成り立つので，前者の式において $a = e'$，後者の式において $a = e$ とすれば，$e = ee' = e'$ を得る．よって，両者は一致する．　□

半群 S において，存在すれば唯一つである単位元を e または 1（演算が加法の場合には 0）と表す．S の単位元であることを強調したいときには，e_S または 1_S（演算が加法の場合には 0_S）と書く．

演算 $\cdot$ に関して単位元 e をもつ半群 S において，$a \in S$ に対して，

$$a \cdot b = b \cdot a = e$$

をみたす（a に依存して定まる）$b \in S$ が存在するとき，a を（演算 $\cdot$ に関する）**可逆元**（あるいは**正則元**，**単元**，**単数**）という．また，a は**可逆**（または**正則**）であるともいう．さらにこのとき，b を a の（演算 $\cdot$ に関する）**逆元**とよぶ．

例 4.7　$\mathbb{R}$ において，$a \in \mathbb{R}$ の通常の加法に関する逆元は $-a$ であり，$a \neq 0$ ならば a の通常の乗法に関する逆元は $\frac{1}{a}$ である．

例 4.8　集合 S の冪集合 $\mathfrak{P}(S)$ において，$A, B \in \mathfrak{P}(S)$ の和集合 $A \cup B$ や共通部分 $A \cap B$ をとる操作は $\mathfrak{P}(S)$ の演算であり，ともに結合律と交換律をみたす．よって，とくに $\mathfrak{P}(S)$ は和集合をとる演算および共通部分をとる演算に関して半群である．ここで，和集合をとる演算に関する単位元は空集合 $\emptyset$ であり，可逆元は $\emptyset$ のみである．また，共通部分をとる演算に関する単位元は S であり，

可逆元は S のみである．

単位元 e をもつ半群において次が成り立つ．

命題 4.9（逆元の一意性） 単位元 e をもつ半群 S において，元 $a \in S$ の逆元は存在すれば唯一つである．

[証明] $a \in S$ を可逆元とし，$b, b' \in S$ を a の逆元とする．すなわち，b と b' は $ab = ba = e$ と $ab' = b'a = e$ をみたすとする．このとき $b = b \cdot e = b(ab') = (ba)b' = e \cdot b' = b'$ となり，両者は一致する． □

可逆元 $a \in S$ の唯一つの逆元を a^{-1} で表す．演算が加法の場合には $-a$ と表し，このとき $a + (-b)$ を $a - b$ とも書く．

逆元について次の命題が成り立つ．半群の演算は交換律をみたすとは限らないので，一般に $(ab)^{-1}$ と $a^{-1}b^{-1}$ は一致しない．

命題 4.10 S を単位元 e をもつ半群とし，$a, b \in S$ を可逆元とする．
(1) a^{-1} も可逆であり，$(a^{-1})^{-1} = a$ が成り立つ．
(2) ab も可逆であり，$(ab)^{-1} = b^{-1}a^{-1}$ が成り立つ．

[証明] (1) $a^{-1}a = aa^{-1} = e$ を a^{-1} がみたす式と見れば，a^{-1} は可逆である．また，a は a^{-1} の逆元であり，$(a^{-1})^{-1} = a$ を得る．
(2) $ab(b^{-1}a^{-1}) = a(bb^{-1})a^{-1} = aa^{-1} = e$ であり，また同様にして $(b^{-1}a^{-1})ab = e$ である．したがって，ab は可逆であり，$b^{-1}a^{-1}$ は ab の逆元となるので，$b^{-1}a^{-1} = (ab)^{-1}$ を得る． □

問 4.11 集合 S の上の S 自身への配置集合 $\mathrm{Map}(S, S)$ について次を示せ．
(1) $\mathrm{Map}(S, S)$ の元の合成写像を与える操作は $\mathrm{Map}(S, S)$ の演算であり，$\mathrm{Map}(S, S)$ はこの演算に関して恒等写像を単位元にもつ半群である．
(2) $\mathrm{Map}(S, S)$ の元 σ が写像の合成による演算に関して可逆であるための必要十分条件は σ が全単射となることである．

4.2 群の定義

整数や実数，行列など複数の演算をもつ対象を調べるとき，一つの演算に注

4.2 群 の 定 義

目して何が起きているか考えることは自然なことである．群とはまさにそのような代数系であり，一つの演算が定義されたシンプルな対象である．大変シンプルであるが，シンプルがゆえに応用範囲も広い．

定義 4.12（群） 集合 G に演算・が定義されていて，その演算について次の3条件をみたすとき，G は演算・に関して**群**（group）である，または，集合と演算を組にして $(G, \cdot)$ は群であるという．
  (1) 結合律が成り立つ．すなわち，任意の $a, b, c \in G$ に対して $(a \cdot b) \cdot c = a \cdot (b \cdot c)$ が成り立つ．
  (2) 単位元が存在する．すなわち，任意の $a \in G$ に対して $a \cdot e = e \cdot a = a$ となる（a に依らない）$e \in G$ が存在する．
  (3) 任意の元の逆元が存在する．すなわち，任意の $a \in G$ に対して $a \cdot b = b \cdot a = e$ となる（a に依存して定まる）$b \in G$ が存在する．
とくに，使っている演算が明らかなときには単に G は群であるという．

例 4.13 G が唯一つの元 e からなる集合 $\{e\}$ であるとき，演算を $e \cdot e = e$ により定めれば G は単位元だけからなる群となる．このような単位元だけからなる群を**単位群**とよぶ．

例 4.14 実数や複素数の通常の加法と乗法をそれぞれ $+$ と $\times$ で表す．このとき，$(\mathbb{Z}, +), (\mathbb{Q}, +), (\mathbb{R}, +), (\mathbb{C}, +)$ は群であり，どの場合も単位元は 0，元 a の逆元は $-a$ である．$(\mathbb{Z}, \times)$ は単位元 1 をもつ半群であるが，± 1 以外の元が逆元をもたないので群ではない．また，$(\mathbb{Q}, \times), (\mathbb{R}, \times), (\mathbb{C}, \times)$ も単位元 1 をもつ半群であるが，0 は逆元をもたないのでいずれも群ではない．一方，$\mathbb{Q}^\times = \mathbb{Q} - \{0\}$，$\mathbb{R}^\times = \mathbb{R} - \{0\}$，$\mathbb{C}^\times = \mathbb{C} - \{0\}$ とおけば，$(\mathbb{Q}^\times, \times), (\mathbb{R}^\times, \times), (\mathbb{C}^\times, \times)$ は群であり，どの場合も単位元は 1，元 a の逆元は $\frac{1}{a}$ である．

例 4.15 集合 $G = \{\pm 1\}$ は整数の通常の乗法を演算として群になる．

例 4.15 で述べた群 $G = \{\pm 1\}$ の演算の結果は，次のように表にできる．

積	1	-1
1	1	-1
-1	-1	1

ただし，

演算	$\cdots$	β	$\cdots$
$\vdots$		$\vdots$	
α	$\cdots$	$\alpha \cdot \beta$	$\cdots$
$\vdots$		$\vdots$	

このような表を**演算表**という．

問 4.16 2つの元からなる集合 $G = \{a, b\}$ に次の演算表により積を定める：

積	a	b
a	a	b
b	b	a

このとき，G はこの積に関して群になることを示せ．

前節までの用語を用いれば，群とは，単位元をもつ半群であり，かつ，すべての元が可逆である代数系のことである．よって，群 G の3つ以上の元 $a_1, a_2, \ldots, a_n$ の積は，単に $a_1 a_2 \cdots a_n$ と括弧を付けずに書ける．また，命題 4.6 と命題 4.9 より次が従う．つまり，単位元や逆元の一意性は，単位元をもつ半群の定義から従う基本的な性質である．

命題 4.17 群 G において次が成り立つ．
 (1) 単位元は唯一つである（単位元の一意性）．
 (2) $a \in G$ の逆元は唯一つである（逆元の一意性）．

半群のときと同様に，群 G の唯一つの単位元を e または 1，あるいは，e_G または 1_G（演算が加法の場合には 0 または 0_G）で表し，元 $a \in G$ の唯一つの逆元を a^{-1}（演算が加法の場合には $-a$）で表す．次の命題も単位元をもつ半群に関する命題 4.10 から従う可逆元の基本的な性質である．

命題 4.18 G を群，$a, b \in G$ とするとき，次が成り立つ．
 (1) $(a^{-1})^{-1} = a$．
 (2) $(ab)^{-1} = b^{-1} a^{-1}$．

問 4.19 G を群とし，$a_1, a_2, \ldots, a_n \in G$ とする．このとき，$(a_1 a_2 \cdots a_n)^{-1} = a_n^{-1} \cdots a_2^{-1} a_1^{-1}$ が成り立つことを示せ．

例題 4.20

G を群とし，$a \in G$ を一つ固定する．このとき，G から G 自身への写像 $f : x \mapsto ax$, $g : x \mapsto xa$, および，$h : x \mapsto x^{-1}$ はいずれも全単射であることを示せ．

解答 まず f について，$f(x) = f(y)$ とする．これは $ax = ay$ であり，両辺に a の逆元 a^{-1} を掛ければ $x = y$ となるので，f は単射である．また，任意の $y \in G$ について，$x = a^{-1}y \in G$ とおけば $f(x) = a(a^{-1}y) = (aa^{-1})y = y$ より，f は全射である．よって，f は全単射である．g についても同様に示せる．

次に h について，$h(x) = h(y)$ とする．これは $x^{-1} = y^{-1}$ であり，両辺の逆元をとれば $x = (x^{-1})^{-1} = (y^{-1})^{-1} = y$ となるので，h は単射である．また，任意の $y \in G$ について，$x = y^{-1} \in G$ とおけば $f(x) = (y^{-1})^{-1} = y$ より，g は全射である．よって，g は全単射である． □

群では一般に ab と ba は一致しない．つまり，交換律が成り立つとは限らない．とくに交換律が成り立つ群は豊富な応用をもち，大変重要な対象であるので，名前を付けておく．

定義 4.21（可換群） 群 $(G, \cdot)$ がさらに次の条件 (4) をみたすとき，G は演算 $\cdot$ に関して**可換群**または**アーベル群**であるという．

(4) 交換律が成り立つ．すなわち，任意の $a, b \in G$ に対して $a \cdot b = b \cdot a$ が成り立つ．

また，可換群でない群を**非可換群**または**非アーベル群**という．

可換群において演算を $+$ で表すとき，この可換群を**加法群**または**加群**とよぶ．なお，演算を $+$ で書くときには，交換律が成り立つものと約束する．命題 4.18 の主張を演算が加法の場合に書き直せば，次のようになる：

$$-(-a) = a, \quad -(a + b) = (-a) + (-b).$$

例 4.22 通常の加法 $+$ と乗法 $\times$ について，$(\mathbb{Z}, +), (\mathbb{Q}, +), (\mathbb{R}, +), (\mathbb{C}, +)$, および，$(\mathbb{Q}^\times, \times), (\mathbb{R}^\times, \times), (\mathbb{C}^\times, \times)$ はアーベル群である．

例 4.23 正の実数全体の集合 $\mathbb{R}_{>0} = \{a \in \mathbb{R} \mid a > 0\}$ は通常の乗法に関して

アーベル群であり，単位元は 1，元 a の逆元は $\frac{1}{a}$ である．

例 4.24 m と n を自然数とする．実数成分の m 行 n 列行列全体の集合 $M(m \times n, \mathbb{R})$ は行列の加法に関してアーベル群であり，単位元は零行列 O，行列 A の逆元は $-A$ である．一方，$M(m \times n, \mathbb{R})$ においては $m = n$ でなければ乗法は定義できない．実数成分の n 次正方行列全体の集合 $M(n, \mathbb{R})$ は乗法に関して半群となるが，逆元が存在するとは限らないので群ではない．実数成分の n 次正則行列（行列式が 0 でない行列）全体の集合

$$GL(n, \mathbb{R}) = \{\, A \in M(n, \mathbb{R}) \mid \det(A) \neq 0 \,\} \subset M(n, \mathbb{R})$$

は行列の乗法に関して群となり，単位元は単位行列 E，行列 A の逆元は逆行列 A^{-1} である．また，$n \geq 2$ ならば $GL(n, \mathbb{R})$ は非可換群である．この $GL(n, \mathbb{R})$ を n 次**一般線形群**とよぶ．

例 4.25 集合 X から X 自身への全単射全体の集合を $S(X)$ とする．このとき，$\sigma, \tau \in S(X)$ に対して，合成写像

$$(\sigma \circ \tau)(a) = \sigma(\tau(a)), \quad a \in X$$

によって積 $\sigma \circ \tau$ を定めれば，全単射の合成は全単射であるので，これによって $S(X)$ に乗法を定めることができる．写像の合成は結合律をみたし，恒等写像はこの乗法に関する単位元である．また，全単射ならば逆写像をもち，その逆写像も全単射であるので，$S(X)$ の各元はこの乗法に関して逆写像という逆元をもつ．したがって $S(X)$ は群となる．この群を X 上の**対称群** (symmetric group) という．$S(X)$ は，配置集合 $\mathrm{Map}(X, X)$ を写像の合成により単位元をもつ半群とみたときの，可逆元全体の集合である（問 4.11 参照）．とくに，X として n 以下の自然数の集合 $X_n = \{1, 2, \ldots, n\}$ をとるとき，$S(X_n)$ を S_n で表し，n 次**対称群**とよぶ．定理 4.54 で述べるように $n \geq 3$ ならば S_n は非可換群である．

群において次の命題が成り立つ．

命題 4.26 G を群とする．$a, b, c \in G$ に対して，$ab = ac$ ならば $b = c$，および，$ac = bc$ ならば $a = b$ が成り立つ（これを**簡約律**という）．

4.2 群の定義

証明 前者の主張は両辺に左から a の逆元を掛け，後者の主張は両辺に右から c の逆元を掛ければよい． □

群の定義では，単位元と逆元について，それぞれ $ae = ea = a$ と $aa^{-1} = a^{-1}a = e$ という2つの等式からなる条件式をみたすことを求めている．しかしながら，群であることを示すためには，それぞれ一つ分の等式を確かめれば十分である．つまり，次の定理が成り立つ．

> **定理 4.27** 集合 G に演算が定義されていて，その演算について次の3条件が成り立てば，G はこの演算に関して群となる．
> (1) 結合律が成り立つ．
> (2) 任意の $a \in G$ に対して $ae = a$ となる（a に依らない）$e \in G$ が存在する（このような e を**右単位元**という）．
> (3) 任意の $a \in G$ に対して $ab = e$ となる（a に依存して定まる）$b \in G$ が存在する（このような b を a の**右逆元**という）．

証明 $a \in G$ を任意の元とする．まず(3) より $ab = e$ となる $b \in G$ が存在する．この b について，再び(3) より $bc = e$ となる $c \in G$ が存在する．ここで，(2) により $ba = (ba)e = (ba)(bc) = b(ab)c = (be)c = bc = e$ を得る．よって，(3) の $b \in G$ は $ab = ba = e$ をみたす．このことより，$ea = (ab)a = a(ba) = ae = a$ が得られる．したがって，$ae = ea = a$ となるので，(2) の e は G の単位元である．e が単位元なので，$ab = ba = e$ より (3) の b は a の逆元である．以上より，G は群である． □

問 4.28 空でない集合 G に結合律をみたす演算が定義されていて，任意の $a, b \in G$ に対して $ax = b$ および $ya = b$ となる $x, y \in G$ が存在するならば，G は群となることを示せ．

群 G の元 $a \in G$ と $n \in \mathbb{Z}$ に対して，a の巾乗 a^n を

$$a^n = \begin{cases} \underbrace{aa \cdots a}_{n} & (n > 0) \\ e_G & (n = 0) \\ \underbrace{a^{-1}a^{-1} \cdots a^{-1}}_{|n|} & (n < 0) \end{cases}$$

で定める．ここで，$|n|$ は n の絶対値である．このとき，逆元の性質より $(a^{-1})^n = (a^n)^{-1}$ であり，$m, n \in \mathbb{Z}$ に対して

$$a^{m+n} = a^m a^n, \qquad a^{mn} = (a^n)^m = (a^m)^n$$

が成り立つ．また，$a, b \in G$ に対して，一般に $(ab)^n$ と $a^n b^n$ は一致しないが，G が可換群であれば，

$$(ab)^n = a^n b^n$$

も成り立つ．これらを加法の形で表せば，

$$na = \begin{cases} \underbrace{a + a + \cdots + a}_{n} & (n > 0) \\ 0_G & (n = 0) \\ \underbrace{(-a) + (-a) + \cdots + (-a)}_{|n|} & (n < 0) \end{cases}$$

であり，

$$(m+n)a = ma + na, \quad (mn)a = m(na) = n(ma), \quad n(a+b) = na + nb$$

となる．

群 G の元の個数を $|G|$ または $\#G$ で表し，G の**位数**という．G の位数が有限であるとき G を**有限群**といい，そうでないとき G を**無限群**という．また，元 $a \in G$ に対して，$a^n = e$ となる正の整数 n が存在するとき，その中で最小の n を a の**位数**といい，このとき a は**有限位数**であるという．a が有限位数でないとき，a の位数は ∞ である，または，a は**無限位数**であるという．

たとえば，加法群 $(\mathbb{Z}, +)$ は無限群であり，$0 \in \mathbb{Z}$ の位数は 1，$a \in \mathbb{Z}, a \neq 0$ の位数は ∞ である．乗法群 $(\mathbb{R}^\times, \times)$ も無限群であり，$1 \in \mathbb{R}^\times$ の位数は 1，$-1 \in \mathbb{R}^\times$ の位数は 2，$a \in \mathbb{R}^\times, a \neq \pm 1$ の位数は ∞ である．また，例 4.15 で与えた群 $G = \{\pm 1\}$ は位数 2 の有限群であり，$1 \in G$ の位数は 1，$-1 \in G$ の位数は 2 である．有限位数について次は基本的な性質である．

定理 4.29 G を群，$a \in G$ を有限位数の元とし，その位数を s とする．このとき，$m \in \mathbb{Z}$ について次が成り立つ．

$$a^m = e \iff m \text{ は } s \text{ の倍数}.$$

証明 まず，$a^m = e$ とする．このとき，整数の除法定理（定理 3.1）より，$m = sq + r$ かつ $0 \leq r < s$ となる $q, r \in \mathbb{Z}$ が存在するので，$e = a^m = (a^s)^q a^r = e^q a^r = a^r$ を得る．よって，s の最小性により $r = 0$ でなければならない．したがって，m は s の倍数である．逆に，m が s の倍数であれば，$m = qs, q \in \mathbb{Z}$ と書けるので，$a^m = (a^s)^q = e$ が従う． □

問 4.30 4 個の元からなる集合 $G = \{1, \sigma, \tau, \rho\}$ において，各元の積を演算表

積	1	σ	τ	ρ
1	1	σ	τ	ρ
σ	σ	1	ρ	τ
τ	τ	ρ	1	σ
ρ	ρ	τ	σ	1

により定めると，G は 1 を単位元とする位数 4 の可換群になることを示せ．この G を**クラインの四元群**という．

問 4.31 i を虚数単位とし，複素数成分の 2 次正方行列において

$$E = \begin{pmatrix} 1 & 0 \\ 0 & 1 \end{pmatrix}, \; I = \begin{pmatrix} i & 0 \\ 0 & -i \end{pmatrix}, \; J = \begin{pmatrix} 0 & 1 \\ -1 & 0 \end{pmatrix}, \; K = \begin{pmatrix} 0 & i \\ i & 0 \end{pmatrix}$$

とおき，8 個の元からなる集合を $G = \{\pm E, \pm I, \pm J, \pm K\}$ とする．このとき，

$$I^2 = J^2 = K^2 = -E, \; IJ = -JI = K, \; JK = -KJ = I, \; KI = -IK = J$$

が成り立ち，G は通常の行列の乗法に関して E を単位元とする位数 8 の非可換群になることを示せ．この G を**四元数群**という．

4.3 部分群

G を群とする．G の空でない部分集合 H が G と同じ演算に関して群になるとき，H を G の**部分群**（subgroup）という．

例 4.32 G の単位元 e だけからなる部分集合 $\{e\}$ は G の部分群である．また，G 自身も G の部分群である．この 2 つの部分群を**自明な部分群**とよぶ．

例 4.33 $(\mathbb{Z}, +)$ は $(\mathbb{Q}, +)$ の部分群である．同様に $(\mathbb{Z}, +) \subset (\mathbb{Q}, +) \subset$

$(\mathbb{R}, +) \subset (\mathbb{C}, +)$ はこの包含関係でそれぞれ部分群になっている．乗法についても $(\mathbb{Q}^\times, \times) \subset (\mathbb{R}^\times, \times) \subset (\mathbb{C}^\times, \times)$ はこの包含関係でそれぞれ部分群になっている．一方，集合として $\mathbb{R}^\times = \mathbb{R} - \{0\} \subset \mathbb{R}$ であるが，$(\mathbb{R}^\times, \times)$ は乗法に関する群であり，$(\mathbb{R}, +)$ は加法に関する群であるので，$(\mathbb{R}^\times, \times)$ は $(\mathbb{R}, +)$ の部分群ではない．

部分群は部分集合であり，群の任意の元で成り立つことはその部分群の元でも成り立つ．また，群において単位元や各元の逆元は一意的であったので，次の命題が直ちに得られる．

命題 4.34 G を群，H を G の部分群，$a \in H$ とするとき，次が成り立つ．
  (1) H の単位元と G の単位元は一致する．
  (2) H における a の逆元と G における a の逆元は一致する．

与えられた部分集合が部分群であることを示したいとき，群の定義にいちいち戻る必要はなく，次の定理で述べる同値な条件の一つを調べれば十分である．

定理 4.35（部分群の判定定理） G を群，H を G の空でない部分集合とする．このとき次の 3 条件は同値である．
  (1) H は G の部分群である．
  (2) H は次の 2 条件をみたす．
    (a) $a, b \in H$ ならば $ab \in H$（加法で書くと $a + b \in H$），
    (b) $a \in H$ ならば $a^{-1} \in H$（加法で書くと $-a \in H$）．
  (3) $a, b \in H$ ならば $ab^{-1} \in H$（加法で書くと $a - b \in H$）．

証明 部分群は与えられた演算で閉じており，逆元も存在するので，(1) $\Rightarrow$ (2) は直ちに従う．

(2) が成り立つとする．$a, b \in H$ とすれば，(2) の (b) より $b^{-1} \in H$ であり，$a, b^{-1} \in H$ について (2) の (a) を使えば $ab^{-1} \in H$ となり，(3) が従う．

(3) が成り立つとする．まず，H は空でないので，ある $a \in H$ が存在する．(3) において $a = b$ とすれば，$e = aa^{-1} \in H$ となり，H は単位元をもつ．また，任意に $a \in H$ をとれば，$e \in H$ であるので，$a^{-1} = ea^{-1} \in H$ となり，a

の逆元も H の中に存在する．さらに，任意に $a,b \in H$ をとれば，$b^{-1} \in H$ であったので，$ab = a(b^{-1})^{-1} \in H$ となり，H はこの演算で閉じている．結合律については，$H \subset G$ であるので，H では当然成り立つ．したがって，H は G の部分群であり，(1) が従う．

以上より，(1) $\Rightarrow$ (2) $\Rightarrow$ (3) $\Rightarrow$ (1) となり，3 条件は同値である． □

例 4.36 n を自然数とする．実数成分の n 次一般線形群 $GL(n, \mathbb{R})$ の部分集合として，行列式が 1 となる行列全体の集合を $SL(n, \mathbb{R})$ とする：

$$SL(n, \mathbb{R}) = \{A \in GL(n, \mathbb{R}) \mid \det(A) = 1\}.$$

n 次単位行列は $SL(n, \mathbb{R})$ の元であるので $SL(n, \mathbb{R})$ は空ではない．$A, B \in SL(n, \mathbb{R})$ に対して，$\det(AB) = \det(A)\det(B) = 1$，かつ，$A$ の逆行列 A^{-1} が存在して $\det(A^{-1}) = \det(A)^{-1} = 1$ より，$AB, A^{-1} \in SL(n, \mathbb{R})$ となる．よって，定理 4.35 より $SL(n, \mathbb{R})$ は $GL(n, \mathbb{R})$ の部分群となる．この $SL(n, \mathbb{R})$ を n 次**特殊線形群**とよぶ．

例 4.37 整数 m の倍数全体の集合 $m\mathbb{Z} = \{mk \mid k \in \mathbb{Z}\}$ は m を含むので加法群 $\mathbb{Z}$ の空でない部分集合である．m の倍数の和や (-1) 倍は再び m の倍数になるので，定理 4.35 より $m\mathbb{Z}$ は $\mathbb{Z}$ の部分群であることがわかる．

例 4.37 によれば，$m\mathbb{Z}$ は加法群 $\mathbb{Z}$ の部分群である．定理 3.11 で述べたことを部分群の言葉で書き直せば，この逆も成り立つ．つまり，次の定理が成り立つ．

定理 4.38 加法群 $\mathbb{Z}$ の部分群 H はある $m \in \mathbb{Z}$ が存在して $H = m\mathbb{Z}$ となる．ここで，$H \neq \{0\}$ ならば m は H に含まれる正で最小の整数がとれる．

証明 H を $\mathbb{Z}$ の部分群とする．$H = \{0\}$ ならば $H = 0\mathbb{Z}$ となる．そこで，$H \neq \{0\}$ とすると，定理 4.35 より H は減法で閉じている空でない $\mathbb{Z}$ の部分集合である．よって，定理 3.11 より H には正の整数が存在して，その中で最小のものを $m \in \mathbb{Z}$ とすれば $H = m\mathbb{Z}$ となる． □

問 4.39 次が成り立つことを示せ．

(1) 群 G とその部分群 H_1, H_2 に対して, $H_1 \cap H_2$ は G の部分群である.
(2) 群 G の有限個または無限個の部分群 H_i に対して, それらの共通部分 $\bigcap_i H_i$ は G の部分群である.

群 G の部分集合 S に対して S を含む G の最小の部分群を S で**生成される** G の部分群とよび, $\langle S \rangle$ と表す. 問 4.39 より $\langle S \rangle$ は S を含むすべての部分群の共通部分のことである. S が有限集合で $S = \{a_1, a_2, \ldots, a_n\}$ であるとき, $\langle S \rangle$ を $a_1, a_2, \ldots, a_n$ で生成される G の部分群とよび, 記号で $\langle a_1, a_2, \ldots, a_n \rangle$ と表す. また, S で生成される部分群が G と一致するとき, S を G の**生成系**とよぶ. G が有限集合の生成系をもつとき, つまり, 有限個の元 $a_1, a_2, \ldots, a_n \in G$ があって $G = \langle a_1, a_2, \ldots, a_n \rangle$ となるとき, G は**有限生成**であるという. さらに, G が一つの元 $a \in G$ で生成されるとき, つまり, $G = \langle a \rangle$ となる $a \in G$ が存在するとき, G を**巡回群**といい, a を**生成元**とよぶ. なお, 巡回群である部分群を巡回部分群といったり, 有限群である巡回群を有限巡回群というなど, 適宜 "巡回" という語を付してよぶこともある. 巡回群 $\langle a \rangle$ は

$$\langle a \rangle = \{ a^i \mid i \in \mathbb{Z} \}$$

となるので, $a^i a^j = a^{i+j} = a^j a^i \ (i, j \in \mathbb{Z})$ より, 巡回群は可換群である. さらに, 巡回群について次は基本的な性質である.

定理 4.40 G を $a \in G$ で生成される巡回群とし, a の位数を (無限位数の場合も含めて) s とする.
(1) G が有限巡回群であるための必要十分条件は a が有限位数であることである.
(2) G が有限巡回群ならば, $G = \{e, a, a^2, \cdots, a^{s-1}\}$ かつ $s = |G|$ となる.

証明 (1) G を有限巡回群とする. このとき, $a^i \ (i \in \mathbb{Z})$ の形の元がすべて異なることはないので, ある $i, j \in \mathbb{Z} \ (i < j)$ について $a^i = a^j$ となる. よって, $n = j - i \in \mathbb{N}$ とおけば, $a^n = a^j a^{-i} = e$ となり, a は有限位数である.

逆に a を有限位数とする. つまり, s は $a^n = e$ となる $n \in \mathbb{N}$ の中で最小のものである. このとき, 整数の除法定理 (定理 3.1) より, 任意の $i \in \mathbb{Z}$

に対して $i = sq + r$ かつ $0 \leq r < s$ となる $q, r \in \mathbb{Z}$ が存在するので，$a^i = (a^s)^q a^r = e^q a^r = a^r$ となる．よって，$G = \{e = a^0, a, a^2, \ldots, a^{s-1}\}$ であり，有限巡回群となる．

(2) (1) の証明より $G = \{e = a^0, a, a^2, \ldots, a^{s-1}\}$ は成り立つので，この集合の元がすべて異なることを示せばよい．仮に $a^i = a^j$ $(0 \leq i < j < s)$ とすると，$a^{j-i} = e$ かつ $0 < j - i < s$ となり，s が位数であることに反する．よって，$e = a^0, a, a^2, \cdots, a^{s-1}$ はすべて相異なり，$s = |G|$ である． □

巡回群 $G = \langle a \rangle$ を加法の形で表せば $G = \{na \mid n \in \mathbb{Z}\}$ となる．同様に，有限個の元で生成される可換群を加法の形で表せば次の命題のようになる．

命題 4.41 G を可換群とし，その演算を加法で表す．$a_1, a_2, \ldots, a_r \in G$ とするとき，次が成り立つ．

$$\langle a_1, a_2, \ldots, a_r \rangle = \{n_1 a_1 + n_2 a_2 + \cdots + n_r a_r \mid n_i \in \mathbb{Z} \ (1 \leq i \leq r)\}.$$

証明 命題の等式の左辺を H，右辺を H' とおく．このとき，H は G の部分群であるので，$n_i \in \mathbb{Z}$ について $n_i a_i \in H$ であり，よって $\sum_{i=1}^{r} n_i a_i \in H$ となる．つまり，$H' \subset H$ を得る．また，H' は減法に関して閉じているので定理 4.35 より G の部分群であり，$a_1, a_2, \ldots, a_r \in H'$ をみたす．ここで，H は $a_1, a_2, \ldots, a_r$ を含む最小の部分群であったので，$H = H'$ が従う． □

定理 4.38 において H を有限個の整数で生成される $\mathbb{Z}$ の部分群とすれば，次の系のように $H = m\mathbb{Z}$ となる m として生成系の最大公約数がとれる．

系 4.42 $a_1, a_2, \ldots, a_r \in \mathbb{Z}$ とし，$g = \gcd(a_1, a_2, \ldots, a_r)$ とおくとき，

$$\langle a_1, a_2, \ldots, a_r \rangle = \langle g \rangle = g\mathbb{Z}$$

が成り立つ．

証明 命題 4.41 より $\langle a_1, a_2, \ldots, a_r \rangle$ の元は $\sum_{i=1}^{r} n_i a_i$ $(n_i \in \mathbb{Z})$ の形であるので，定理 3.16 より主張は直ちに従う． □

例 4.43 加法群 $\mathbb{Z}$ は $1 \in \mathbb{Z}$ で生成される巡回群である．また，-1 も $\mathbb{Z}$ の生成元である．$\mathbb{Z}$ の部分群 $m\mathbb{Z}$ $(m \in \mathbb{Z})$ は m で生成される $\mathbb{Z}$ の巡回部分群であ

り，また $-m$ も $m\mathbb{Z}$ の生成元である．

例 4.44 n を自然数，$\zeta = \cos\frac{2\pi}{n} + i\sin\frac{2\pi}{n} \in \mathbb{C}$ とおく．ここで，i は虚数単位である．このとき，乗法群 $\mathbb{C}^\times = \mathbb{C} - \{0\}$ における ζ の位数は n であるので，ζ で生成される巡回群

$$\langle \zeta \rangle = \{1, \zeta, \zeta^2, \ldots, \zeta^{n-1}\}$$

は位数 n の有限巡回群であり，$(\mathbb{C}^\times, \times)$ の巡回部分群である．

次に正多角形の変換と関連する有限群を紹介する．

例 4.45 $n \geq 3$ とする．xy 平面上の点を列ベクトル表示 $\binom{x}{y}$ を用いて表し，点 $A_1 = \binom{1}{0}$ とおく．このとき，原点 O を中心とし，点 A_1 を頂点の一つとする正 n 角形 $A_1 A_2 \cdots A_n$ を P_n で表し，P_n を P_n 自身に写す合同変換全体の集合を D_n とする．ここで，**合同変換**とは 2 点間の距離を変えない $\mathbb{R}^2$ から $\mathbb{R}^2$ への全単射な変換のことである．とくに恒等変換を 1 で表す．合同変換の全体は変換の合成により演算が定まり群となる．その部分集合である D_n は，この演算に関して閉じていて，$1 \in D_n$ であり，D_n に属する各変換の逆変換も D_n に属するので，その部分群となる．以下で述べるように $|D_n| = 2n$ となるので，D_n を位数 $2n$ の**二面体群**とよぶ．

D_n に属する変換を具体的に見てみる．正 n 角形 P_n を P_n 自身に写す合同変換は原点 O を固定するので線形変換である．線形変換は標準基底 $\{\binom{1}{0}, \binom{0}{1}\}$ に関する表現行列で表すことができるので（以下，表現行列は標準基底に関するものとする），D_n の元はその表現行列と同一視できる．このとき，原点 O を固定する合同変換の表現行列は直交行列（転置行列を逆行列とする行列）であり，その逆も成り立つ（2 次の直交行列全体の集合 $O(2)$ は行列の積に関して群であり，2 次の**直交群**とよばれる）．直交行列は正規直交系を正規直交系に写すので，変換による標準基底の像の可能性を考えれば，原点 O を固定する合同変換の表現行列は

$$\sigma_\theta = \begin{pmatrix} \cos\theta & -\sin\theta \\ \sin\theta & \cos\theta \end{pmatrix}, \text{ または，} \tau_\theta = \begin{pmatrix} \cos\theta & \sin\theta \\ \sin\theta & -\cos\theta \end{pmatrix}$$

と書けることがわかる．ここで，σ_θ は原点 O を中心とした反時計回りの角 θ の

回転で，その行列式は 1 であり，τ_θ は x 軸を反時計回りに角 $\frac{\theta}{2}$ だけ回転した直線を対称軸とした平面の折り返しで，その行列式は -1 である．

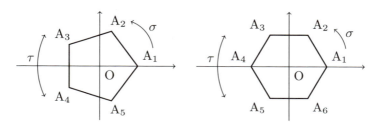

まず，回転について考える．もし $\sigma_\theta \in D_n$ であれば，$\sigma_\theta(A_1)$ は P_n の頂点である．よって，$\sigma_\theta(A_1) = A_{k+1}$ となる $0 \le k \le n-1$ があって，$\theta = \frac{2k\pi}{n}$ となる．とくに $\sigma = \sigma_{\frac{2\pi}{n}} = \begin{pmatrix} \cos\frac{2\pi}{n} & -\sin\frac{2\pi}{n} \\ \sin\frac{2\pi}{n} & \cos\frac{2\pi}{n} \end{pmatrix}$ とおけば，行列式が 1 となる D_n の元は σ^k ($0 \le k \le n-1$) ですべてとなる．次に，折り返しについて考える．$\tau = \tau_0 = \begin{pmatrix} 1 & 0 \\ 0 & -1 \end{pmatrix}$ とおくと，τ は x 軸を対称軸とした平面の折り返しであり，$\tau \in D_n$ である．このとき，行列式が -1 である任意の $\rho \in D_n$ について，$\tau\rho$ は行列式が 1 の D_n の元であるので，ある k があって $\sigma^k = \tau\rho$ と書ける．ここで $\tau^2 = 1$ より $\rho = \tau\sigma^k$ を得る．よって，行列式が -1 となる D_n の元は $\tau\sigma^k$ の形である．以上より，D_n は σ と τ によって生成される群となる：

$$D_n = \langle \sigma, \tau \rangle = \{\tau^i \sigma^j \mid i = 0, 1,\ j = 0, 1, \ldots, n-1\}.$$

ここで，$0 \le i \ne j \le n-1$ について，$\sigma^i(A_1) = A_{i+1} \ne A_{j+1} = \sigma^j(A_1)$ より $\sigma^i \ne \sigma^j$ であり，同時に $\tau\sigma^i \ne \tau\sigma^j$ がわかる．さらに，σ^i と $\tau\sigma^j$ は行列式がそれぞれ 1 と -1 であるので異なる．したがって，$|D_n| = 2n$ である．

生成元 $\tau, \sigma \in D_n$ について，その定義と行列の計算から

$$\sigma \text{ の位数は } n, \quad \tau \text{ の位数は } 2, \quad \tau\sigma\tau = \sigma^{-1} \tag{4.1}$$

をみたすことがわかる．とくに $n \ge 3$ より $\sigma^{-1} \ne \sigma$ であるので，$\tau^{-1}\sigma\tau = \tau\sigma\tau = \sigma^{-1} \ne \sigma$ となり，$\sigma\tau \ne \tau\sigma$ が従う．よって，二面体群 D_n は非可換な有限群である．

注意 4.46 G を 2 つの元 σ と τ で生成される群とし，例 4.45 の (4.1) をみたすとす

る．このとき，$G = \{\tau^i \sigma^j \mid i = 0, 1,\ j = 0, 1, \ldots, n-1\}$ かつ $|G| = 2n$ となることが示せる．つまり，関係式 (4.1) があれば二面体群 D_n（4.7 節で登場する用語を用いれば D_n と同型なもの）が得られる．

群 G の部分集合 A, B に対して
$$A^{-1} = \{a^{-1} \mid a \in A\}, \quad AB = \{ab \mid a \in A, b \in B\}$$
とおく．$A = \{a\}$ のときには，
$$aB = \{a\}B = \{ab \mid b \in B\}, \quad Ba = B\{a\} = \{ba \mid b \in B\}$$
と書く．このとき，G の部分集合 A, B, C について
$$A(BC) = (AB)C, \quad (A^{-1})^{-1} = A, \quad (AB)^{-1} = B^{-1}A^{-1}$$
が成り立つ．G が加法群のときには，それぞれ
$$-A = \{-a \mid a \in A\}, \quad A + B = \{a + b \mid a \in A, b \in B\}$$
$$a + B = \{a\} + B = \{a + b \mid b \in B\}$$
を用いる．

これらの記法を用いると，定理 4.35（部分群の判定定理）は直ちに次のように書き換えられる．

定理 4.47 G を群，H を G の空でない部分集合とするとき，次の 3 つの条件は同値である．
 (1) H は G の部分群である．
 (2) $HH \subset H$ かつ $H^{-1} \subset H$ が成り立つ．
 (3) $HH^{-1} \subset H$ が成り立つ．

注意 4.48 定理 4.47 の (2) と (3) について，H が部分群のとき逆向きの包含関係も成り立つので，それぞれ次の (2′) と (3′) に置き換えることができる．
 (2′) $HH = H$ かつ $H^{-1} = H$ が成り立つ．
 (3′) $HH^{-1} = H$ が成り立つ．

問 4.49 群 G の部分群 H に対して，$h \in H$ ならば $hH = H$ となることを示せ．

H と K を G の部分群とするとき HK について次が成り立つ．

定理 4.50 G を群，H, K を G の部分群とする．このとき次は同値である．
(1) HK は G の部分群である．
(2) $HK = KH$ が成り立つ．
とくに，G がアーベル群であれば，HK は常に部分群である．

証明 (1) が成り立つとする．このとき，注意 4.48 より $(HK)^{-1} = HK$ である．一方，H と K も部分群であるので同様に $H = H^{-1}, K = K^{-1}$ となり，$(HK)^{-1} = K^{-1}H^{-1} = KH$ を得る．よって $HK = KH$ が成り立つ．

逆に (2) が成り立つとする．$a = hk, b = h'k' \in HK$ ($h, h' \in H$ かつ $k, k' \in K$) に対して，$ab^{-1} = hkk'^{-1}h'^{-1} \in hKH = hHK = HK$ となる．よって，定理 4.35 より HK は G の部分群である． □

問 4.51 群 G において G のすべての元と交換可能な G の元全体の集合 $Z(G) = \{a \in G \mid 任意の\ x \in G\ に対して\ ax = xa\}$ は G の可換な部分群であることを示せ．この $Z(G)$ を G の**中心** (center) という．

問 4.52 G を群とし，$a \in G$ を一つ固定する．このとき，a と交換可能な G の元全体の集合 $C_G(a) = \{x \in G \mid ax = xa\}$ は G の部分群であることを示せ．また，$a \in Z(G) \iff C_G(a) = G$ であることを示せ．この $C_G(a)$ を a の G における**中心化群**という．

4.4 対称群

例 4.25 において集合 X 上の対称群 $S(X)$ について触れた．対称群は可換でない群の重要な例である．この節では，X が n 個の元からなる有限集合 X_n のときの X_n 上の対称群，すなわち，n 次対称群 $S_n = S(X_n)$ について基本的な性質を述べる．

n を自然数として，X_n を n 個の元からなる集合とする．X_n の元の個性はとくに重要ではないので，以下 $X_n = \{1, 2, 3, \ldots, n-1, n\}$ とし，X_n から X_n への全単射全体の集合を S_n とする：

$$S_n = \{\sigma : X_n \to X_n \mid \sigma は全単射\}.$$

S_n の元は n 個の文字の並べ換えであるので n 次の**置換**とよび，恒等写像は恒

等置換という．$\sigma \in S_n$ について，

$$\sigma(1) = i_1, \ \sigma(2) = i_2, \ \ldots, \ \sigma(n) = i_n$$

とすれば，$i_1, i_2, \ldots, i_n$ は $1, 2, \ldots, n$ の一つの順列であり，逆に，一つの順列を与えれば上の対応により $\sigma \in S_n$ が定義できる．よって，S_n の位数は $|S_n| = n!$ となる．

S_n の元 σ は，上段に 1 から n までの自然数，下段に上段の自然数の σ による像を明示して，

$$\sigma = \begin{pmatrix} 1 & 2 & \cdots & n \\ i_1 & i_2 & \cdots & i_n \end{pmatrix}$$

のように表すことが多い．上下の対応が合っていれば，上段の自然数を小さい順に書く必要はない．また，$\sigma(i) = i$ となる部分については省略することもある．たとえば，S_5 の元について

$$\begin{pmatrix} 1 & 2 & 3 & 4 & 5 \\ 3 & 2 & 5 & 4 & 1 \end{pmatrix} = \begin{pmatrix} 1 & 3 & 5 & 2 & 4 \\ 3 & 5 & 1 & 2 & 4 \end{pmatrix} = \begin{pmatrix} 1 & 3 & 5 \\ 3 & 5 & 1 \end{pmatrix}$$

であり，どの表示を使ってもよい．

例 4.25 で述べたように，S_n は写像の合成 $\sigma \circ \tau$ $(\sigma, \tau \in S_n)$ を積として群になる．この積を単に $\sigma\tau$ と表す．ここで，S_n の積は写像の合成なので，右側の置換から順に行うことに注意する．たとえば，S_5 の 2 つの置換

$$\sigma = \begin{pmatrix} 1 & 2 & 3 & 4 & 5 \\ 2 & 3 & 1 & 5 & 4 \end{pmatrix}, \quad \tau = \begin{pmatrix} 1 & 2 & 3 & 4 & 5 \\ 3 & 4 & 5 & 2 & 1 \end{pmatrix}$$

について，その積 $\sigma\tau$ は，

$$\sigma\tau = \begin{pmatrix} 1 & 2 & 3 & 4 & 5 \\ 2 & 3 & 1 & 5 & 4 \end{pmatrix} \begin{pmatrix} 1 & 2 & 3 & 4 & 5 \\ 3 & 4 & 5 & 2 & 1 \end{pmatrix} = \begin{pmatrix} 1 & 2 & 3 & 4 & 5 \\ 1 & 5 & 4 & 3 & 2 \end{pmatrix}$$

となる（写像の合成であるので，

$$\begin{array}{c} 1 \xmapsto{\tau} 3 \xmapsto{\sigma} 1 \\ 2 \longmapsto 4 \longmapsto 5 \\ 3 \longmapsto 5 \longmapsto 4 \\ 4 \longmapsto 2 \longmapsto 3 \\ 5 \longmapsto 1 \longmapsto 2 \end{array}$$

と置換される). また, σ の逆元は

$$\sigma^{-1} = \begin{pmatrix} 1 & 2 & 3 & 4 & 5 \\ 2 & 3 & 1 & 5 & 4 \end{pmatrix}^{-1} = \begin{pmatrix} 2 & 3 & 1 & 5 & 4 \\ 1 & 2 & 3 & 4 & 5 \end{pmatrix}$$

となる. 最後の表示は下段の数字が順番に並んでいるが, 置換の表示は上下の対応が合っていればよかったので, 一般に逆元は次のように表せる:

$$\begin{pmatrix} 1 & 2 & \cdots & n \\ i_1 & i_2 & \cdots & i_n \end{pmatrix}^{-1} = \begin{pmatrix} i_1 & i_2 & \cdots & i_n \\ 1 & 2 & \cdots & n \end{pmatrix}$$

位数 n の有限群 G において, 固定した一つの元 $a \in G$ による a 倍写像は G から G への全単射を与える (例題 4.20 参照). つまり, G の積は n 個の元の置換である. したがって, 任意の有限群は対称群の部分群として実現できる (後の節で登場する "同型" という言葉を用いれば, 任意の有限群はある対称群の部分群と群として同型である, と言える).

置換 $\sigma \in S_n$ が r 個の相異なる自然数 $i_1, i_2, i_3, \ldots, i_{r-1}, i_r$ を用いて

$$\sigma = \begin{pmatrix} i_1 & i_2 & i_3 & \cdots & i_{r-1} & i_r \\ i_2 & i_3 & i_4 & \cdots & i_r & i_1 \end{pmatrix}$$

と書けるとき, つまり,

$$\begin{cases} \sigma(i_1) = i_2, \ \sigma(i_2) = i_3, \ \ldots, \ \sigma(i_{r-1}) = i_r, \ \sigma(i_r) = i_1 \\ \sigma(j) = j, \quad j \neq i_1, i_2, \ldots, i_r \end{cases}$$

となるとき, この σ を

$$\sigma = (i_1 \ i_2 \ i_3 \ \cdots \ i_{r-1} \ i_r)$$

と表し, 長さ r の**巡回置換**という. 巡回置換の置換の様子を矢印で表せば次の通りである:

$$(i_1 \ i_2 \ i_3 \ \cdots \ i_{r-1} \ i_r)$$

とくに長さ 2 の巡回置換 $(i \ j)$ を**互換**という. すなわち, 互換はある 2 個の自然数の入れ換えを与える置換である. 恒等置換は id (または 1 や e) と表す.

例 4.53 3 次対称群 S_3 の元は

$$e = \begin{pmatrix} 1 & 2 & 3 \\ 1 & 2 & 3 \end{pmatrix}, \quad \sigma_1 = \begin{pmatrix} 1 & 2 & 3 \\ 2 & 3 & 1 \end{pmatrix}, \quad \sigma_2 = \begin{pmatrix} 1 & 2 & 3 \\ 3 & 1 & 2 \end{pmatrix},$$
$$\tau_1 = \begin{pmatrix} 1 & 2 & 3 \\ 1 & 3 & 2 \end{pmatrix}, \quad \tau_2 = \begin{pmatrix} 1 & 2 & 3 \\ 3 & 2 & 1 \end{pmatrix}, \quad \tau_3 = \begin{pmatrix} 1 & 2 & 3 \\ 2 & 1 & 3 \end{pmatrix}$$

の合計 $3! = 6$ 個である：

$$S_3 = \{e, \sigma_1, \sigma_2, \tau_1, \tau_2, \tau_3\}.$$

また，それぞれの元は

$$e = \mathrm{id}, \quad \sigma_1 = (1\ 2\ 3), \quad \sigma_2 = (1\ 3\ 2), \quad \tau_1 = (2\ 3), \quad \tau_2 = (1\ 3), \quad \tau_3 = (1\ 2)$$

とも表せ，その内訳は，恒等置換が 1 つ，長さ 3 の巡回置換が 2 つ，互換が 3 つである．

S_3 における演算を具体的に計算すれば，たとえば，

$$\tau_1 \tau_2 = \begin{pmatrix} 1 & 2 & 3 \\ 1 & 3 & 2 \end{pmatrix} \begin{pmatrix} 1 & 2 & 3 \\ 3 & 2 & 1 \end{pmatrix} = \begin{pmatrix} 1 & 2 & 3 \\ 2 & 3 & 1 \end{pmatrix} = \sigma_1$$

となる，一方，

$$\tau_2 \tau_1 = \begin{pmatrix} 1 & 2 & 3 \\ 3 & 2 & 1 \end{pmatrix} \begin{pmatrix} 1 & 2 & 3 \\ 1 & 3 & 2 \end{pmatrix} = \begin{pmatrix} 1 & 2 & 3 \\ 3 & 1 & 2 \end{pmatrix} = \sigma_2$$

であるので，

$$\tau_1 \tau_2 \neq \tau_2 \tau_1$$

となり，S_3 は非可換群であることがわかる．

例 4.53 における S_3 の元 τ_1, τ_2 は，$n \geq 3$ のときにも $\tau_i(j) = j$ となる自然数 j が省略されている S_n の元とみることができるので次が従う．

定理 4.54 $n \geq 3$ ならば S_n は非可換群である．

例題 4.55

3 次対称群 S_3 の演算表を作成し，単位元および各元の逆元を求めよ．また，S_3 の部分群をすべて求めよ．

4.4 対称群

解答 例 4.53 の記号を用い, $S_3 = \{e, \sigma_1, \sigma_2, \tau_1, \tau_2, \tau_3\}$ と表す. 例 4.53 で行った積 $\tau_1\tau_2$ や $\tau_2\tau_1$ の計算を各元について行えば, S_3 の演算表は

積	e	σ_1	σ_2	τ_1	τ_2	τ_3
e	e	σ_1	σ_2	τ_1	τ_2	τ_3
σ_1	σ_1	σ_2	e	τ_3	τ_1	τ_2
σ_2	σ_2	e	σ_1	τ_2	τ_3	τ_1
τ_1	τ_1	τ_2	τ_3	e	σ_1	σ_2
τ_2	τ_2	τ_3	τ_1	σ_2	e	σ_1
τ_3	τ_3	τ_1	τ_2	σ_1	σ_2	e

となる. この演算表から, $e = \mathrm{id}$ は単位元であり, それぞれの逆元は

$$\mathrm{id}^{-1} = \mathrm{id}, \quad \sigma_1^{-1} = \sigma_2, \quad \sigma_2^{-1} = \sigma_1, \quad \tau_i^{-1} = \tau_i, \quad 1 \leq i \leq 3$$

となる.

演算表を利用し S_3 の部分群を調べる. 1 つの元で生成される部分群, すなわち, 巡回部分群は,

$$\text{単位群} \{e\} = \langle e \rangle, \quad A_3 = \langle \sigma_1 \rangle = \langle \sigma_2 \rangle = \{e, \sigma_1, \sigma_2\},$$

$$H_1 = \langle \tau_1 \rangle = \{e, \tau_1\}, \quad H_2 = \langle \tau_2 \rangle = \{e, \tau_2\}, \quad H_3 = \langle \tau_3 \rangle = \{e, \tau_3\}$$

であり, 単位元でない 2 つの元で生成される部分群は,

$$S_3 = \langle \tau_i, \sigma_k \rangle = \langle \tau_i, \tau_j \rangle$$

となる. ここで, $1 \leq i \neq j \leq 3, 1 \leq k \leq 2$ である. 単位元でない 2 つの元は S_3 を生成するので, 3 つ以上の元で生成される部分群は必然的に S_3 となる. よって, S_3 の部分群は

$$\text{単位群} \{e\}, H_1, H_2, H_3, A_3, S_3$$

の 6 個であることがわかる (A_3 は注意 4.61 の後で述べる交代群である). □

2 つの巡回置換 $\sigma = (i_1 \ i_2 \ \cdots \ i_r), \tau = (j_1 \ j_2 \ \cdots \ j_s)$ において, $\{i_1, i_2, \ldots, i_r\} \cap \{j_1, j_2, \ldots, j_s\} = \emptyset$ となるとき, これらの巡回置換は**互いに**

素であるという．互いに素な巡回置換 σ と τ には同じ自然数が現れないので，どちらの置換を先に行っても得られる結果は同じであり，$\sigma\tau = \tau\sigma$ となる．つまり，互いに素な巡回置換の積は常に交換可能である．

任意の置換は互いに素な巡回置換を用いて表せる．たとえば，置換

$$\sigma = \begin{pmatrix} 1 & 2 & 3 & 4 & 5 & 6 & 7 & 8 \\ 3 & 4 & 8 & 6 & 7 & 2 & 5 & 1 \end{pmatrix}$$

は，$1 \to 3 \to 8 \to 1$，$2 \to 4 \to 6 \to 2$，および，$5 \to 7 \to 5$ という巡回を含み，これらは互いに素な巡回置換をなし，これらの巡回置換を順に行えば σ が得られる．一例をあげれば，$\sigma = (1\ 3\ 8)(2\ 4\ 6)(5\ 7)$ と表せる．一般に任意の置換 σ は，ある自然数 i_1 から始めて $\sigma(i_k) = i_{k+1}$ によって順番に置換される自然数を辿っていけば，有限個の元の置換であり，かつ，置換は単射であるので，いつかは $\sigma(i_r) = i_1$ となり i_1 に戻ってくる．つまり，置換によって $i_1 \to i_2 \to \cdots \to i_r \to i_1$ と巡回する自然数の組 $\{i_1, i_2, \ldots, i_r\}$ が決まる．次に，この組に含まれない自然数 j_1 をとり，同様に $\sigma(j_h) = j_{h+1}$ の関係から置換される自然数を辿れば，別の巡回する自然数の組 $\{j_1, j_2, \ldots, j_s\}$ が決まる．以下，これを繰り返せば，任意の置換 σ は，

$$\begin{pmatrix} i_1 & \cdots & i_r & j_1 & \cdots & j_s & \cdots \\ i_2 & \cdots & i_1 & j_2 & \cdots & j_1 & \cdots \end{pmatrix} = (i_1\ i_2\ \cdots\ i_r)(j_1\ j_2\ \cdots\ j_s)\cdots$$

と互いに素な巡回置換の積に分解できる．有限個の元の置換であるのでこの操作はやがて終わり，互いに素な巡回置換の積であるので積の順序も任意に変えて構わない．以上より，次の命題が示せた．

命題 4.56 置換 $\sigma \in S_n$ は有限個の互いに素な巡回置換の積に分解できる．

巡回置換に関する性質は問としておく．

問 4.57 $n \geq 3$ とする．このとき S_n において次が成り立つことを示せ．
(1) 相異なる $i_1, i_2, \ldots, i_r \in X_n$ について次が成り立つ．

$$(i_1\ i_2\ i_3\ \cdots\ i_{r-1}\ i_r) = (i_1\ i_2\ i_3\ \cdots\ i_{r-1})(i_{r-1}\ i_r)$$
$$= (i_1\ i_2)(i_2\ i_3)\cdots(i_{r-2}\ i_{r-1})(i_{r-1}\ i_r).$$

(2) 相異なる $i, j, k \in X_n$ について $(j\ k) = (i\ j)(i\ k)(i\ j)$ となる．
(3) $\sigma \in S_n$ と相異なる $i_1, i_2, \ldots, i_r \in X_n$ について次が成り立つ．

$$\sigma(i_1\ i_2\ \cdots\ i_r)\sigma^{-1} = (\sigma(i_1)\ \sigma(i_2)\ \cdots\ \sigma(i_r)).$$

命題 4.56 と問 4.57 より次が得られる.

> **定理 4.58** $n \geq 2$ とする. 任意の置換 $\sigma \in S_n$ は有限個の互換の積に分解できる. さらに詳しく, S_n は互換 $(1\ i)$ $(2 \leq i \leq n)$ で生成される群である:
> $$S_n = \langle (1\ 2), (1\ 3), \ldots, (1\ n) \rangle.$$

証明 $n = 2$ のとき主張は直ちにわかるので $n \geq 3$ とする. 任意の置換は命題 4.56 より巡回置換の積になり, 巡回置換は問 4.57 より互換の積になるので, 任意の置換は互換の積に分解できる. このとき, 問 4.57 の (2) で $i = 1$ とすれば, 任意の互換は $(1\ i), 2 \leq i \leq n$ の形の互換の積で表せるので, S_n の生成系として $\{(1\ 2), (1\ 3), \ldots, (1\ n)\}$ をとることができる. □

定理 4.58 により任意の置換は互換の積で表せるが, 互換の積による表し方は一通りではない. たとえば, 例題 4.55 で与えた S_3 の演算表によれば,

$$(1\ 2\ 3) = (2\ 3)(1\ 3) = (1\ 3)(1\ 2)$$

であり, さらに,

$$(1\ 2\ 3) = (1\ 2)(1\ 3)(1\ 2)(1\ 3)$$

と書くこともできる. しかしながら, 置換の分解に現れる互換の個数が偶数であるか奇数であるかは与えられた置換によって一意的に決まる. このことを示すために置換の符号を導入する.

まず, $X_1, X_2, \ldots, X_n$ を変数とする $\mathbb{Z}$ 係数の n 変数多項式 $f = f(X_1, X_2, \ldots, X_n)$ と $\sigma \in S_n$ に対して,

$$\sigma f = (\sigma f)(X_1, X_2, \ldots, X_n) = f(X_{\sigma(1)}, X_{\sigma(2)}, \ldots, X_{\sigma(n)})$$

と定める. この σf は $\sigma(f)$ とも表す. つまり, $\sigma(f(X_1, X_2, \ldots, X_n)) = f(X_{\sigma(1)}, X_{\sigma(2)}, \ldots, X_{\sigma(n)})$ である. たとえば,

$$f(X_1, X_2, X_3) = X_1^2 + 3X_1 X_2 + X_3^3$$

と $\sigma = (1\ 2\ 3) \in S_3$ について,

$$(\sigma f)(X_1, X_2, X_3) = X_2^2 + 3X_2 X_3 + X_1^3$$

となる. このとき, 任意の n 変数多項式 f と $\sigma, \tau \in S_n$ に対して,

$$\sigma(\tau f) = (\sigma\tau)f \tag{4.2}$$

が成り立つ. 実際, 置換の積の定義より

$$\begin{aligned}
(\sigma(\tau f))(X_1, X_2, \ldots, X_n) &= \sigma(f(X_{\tau(1)}, X_{\tau(2)}, \ldots, X_{\tau(n)})) \\
&= f(X_{\sigma(\tau(1))}, X_{\sigma(\tau(2))}, \ldots, X_{\sigma(\tau(n))}) \\
&= f(X_{(\sigma\tau)(1)}, X_{(\sigma\tau)(2)}, \ldots, X_{(\sigma\tau)(n)}) \\
&= ((\sigma\tau)f))(X_1, X_2, \ldots, X_n)
\end{aligned}$$

となるからである.

さて, ここで n 変数多項式 $\Delta = \Delta(X_1, X_2, \ldots, X_n)$ を

$$\Delta(X_1, X_2, \ldots, X_n) = \prod_{1 \le i < j \le n} (X_i - X_j)$$

と定め, この Δ を**差積**とよぶ. たとえば, $n = 4$ のとき,

$$\begin{aligned}
\Delta(X_1, X_2, X_3, X_4) &= (X_1 - X_2)(X_1 - X_3)(X_1 - X_4) \\
&\quad \times (X_2 - X_3)(X_2 - X_4) \\
&\quad \times (X_3 - X_4)
\end{aligned}$$

である. この差積 Δ を用いて, 置換 σ の符号を

$$\mathrm{sgn}(\sigma) = \frac{\sigma \Delta}{\Delta} = \prod_{1 \le i < j \le n} \frac{X_{\sigma(i)} - X_{\sigma(j)}}{X_i - X_j}$$

と定める. このとき, 置換の符号について次の命題が成り立つ.

命題 4.59 置換の符号は次の性質をもつ.
 (1) 恒等置換 id について $\mathrm{sgn}(\mathrm{id}) = 1$ が成り立つ.
 (2) 任意の互換 σ について $\mathrm{sgn}(\sigma) = -1$ が成り立つ.

4.4 対称群

(3) 任意の $\sigma \in S_n$ について $\mathrm{sgn}(\sigma) \in \{\pm 1\}$ が成り立つ.
(4) 任意の $\sigma, \tau \in S_n$ について $\mathrm{sgn}(\sigma\tau) = \mathrm{sgn}(\sigma)\,\mathrm{sgn}(\tau)$ が成り立つ.
(5) 任意の $\sigma \in S_n$ について $\mathrm{sgn}(\sigma^{-1}) = \mathrm{sgn}(\sigma)$ が成り立つ.

証明 (1) $\mathrm{id}(i) = i \ (1 \leq i \leq n)$ であるので,定義式より $\mathrm{sgn}(\mathrm{id}) = 1$ である.
(2) 互換を $\sigma = (k\ l)$ とおく.$k < l$ について示せば十分である.Δ と $\sigma\Delta$ に現れる $X_i - X_j$ と $\sigma(X_i - X_j) = X_{\sigma(i)} - X_{\sigma(j)}$ を比べていく.まず,$i = k$ かつ $j = l$ となる $X_k - X_l$ については,

$$X_{\sigma(k)} - X_{\sigma(l)} = -(X_k - X_l)$$

となり符号が変わる.また,i か j の一方が k または l と一致する場合については,一致しない方を改めて i と表すことにすれば,

$$\begin{cases} i < k < l \text{ ならば } (X_i - X_k)(X_i - X_l) \text{ は } \sigma \text{ により不変}, \\ k < i < l \text{ ならば } (X_k - X_i)(X_i - X_l) \text{ は } \sigma \text{ により不変}, \\ k < l < i \text{ ならば } (X_k - X_i)(X_l - X_i) \text{ は } \sigma \text{ により不変} \end{cases}$$

となる.その他の差 $X_i - X_j$ については,X_k と X_l は現れないので,$X_{\sigma(i)} - X_{\sigma(j)} = X_i - X_j$ となりやはり不変である.よって,全体として $\sigma\Delta = -\Delta$ となる.これより $\mathrm{sgn}(\sigma) = \frac{\sigma\Delta}{\Delta} = -1$ が得られる.

(3) 定理 4.58 より任意の $\sigma \in S_n$ は有限個の互換 τ_i を用いて $\sigma = \tau_1 \tau_2 \cdots \tau_r$ と表せる.よって,(2) と式 (4.2) より,

$$\sigma\Delta = \tau_1(\tau_2(\cdots(\tau_{r-1}(\tau_r \Delta))\cdots)) = (-1)^r \Delta$$

が得られる.したがって,$\mathrm{sgn}(\sigma) = \frac{\sigma\Delta}{\Delta} = (-1)^r \in \{\pm 1\}$ である.

(4) 符号の定義より $\mathrm{sgn}(\sigma)\Delta = \sigma\Delta$ であることと (3) および (4.2) より,任意の $\sigma, \tau \in S_n$ に対して $\mathrm{sgn}(\sigma\tau)\Delta = (\sigma\tau)\Delta = \sigma(\tau\Delta) = \sigma(\mathrm{sgn}(\tau)\Delta) = \mathrm{sgn}(\tau)\sigma(\Delta) = \mathrm{sgn}(\sigma)\mathrm{sgn}(\tau)\Delta$ となる.したがって,$\mathrm{sgn}(\sigma\tau) = \mathrm{sgn}(\sigma)\mathrm{sgn}(\tau)$ を得る.

(5) 逆元の関係式 $\sigma\sigma^{-1} = \mathrm{id}$ を用いれば,(1) と (4) より $\mathrm{sgn}(\sigma)\mathrm{sgn}(\sigma^{-1}) = \mathrm{sgn}(\sigma\sigma^{-1}) = \mathrm{sgn}(\mathrm{id}) = 1$ となる.よって,(3) より $\mathrm{sgn}(\sigma^{-1}) = \mathrm{sgn}(\sigma)^{-1} = \mathrm{sgn}(\sigma)$ を得る. □

定理 4.58 の (3) より置換の符号は $+1$ か -1 のいずれかである．これが符号とよばれる理由である．とくに，$\mathrm{sgn}(\sigma) = 1$ となるとき σ を**偶置換**とよび，$\mathrm{sgn}(\sigma) = -1$ となるとき σ を**奇置換**とよぶ．命題 4.59 の (3) の証明より，偶置換であれば $1 = \mathrm{sgn}(\sigma) = (-1)^r$ であるので，置換のどのような分解においても現れる互換の個数 r は偶数であり，同様に奇置換であれば r は奇数であることがわかる．以上より，次の定理が示せた．

定理 4.60 $n \geq 2$ とする．任意の置換 $\sigma \in S_n$ は有限個の互換の積に分解できる．このとき，分解の仕方は一通りではないが，分解した積に現れる互換の個数は，偶置換ならば偶数，奇置換ならば奇数である．

注意 4.61 置換 $\sigma \in S_n$ の符号は，差積 Δ を用いた定義式において各変数に $X_1 = 1$, $X_2 = 2, \ldots, X_n = n$ を代入すれば，

$$\mathrm{sgn}(\sigma) = \prod_{1 \leq i < j \leq n} \frac{\sigma(i) - \sigma(j)}{i - j}$$

で与えられ，これを用いて計算することもできる．

n 次の偶置換全体の集合を A_n で表す：

$$A_n = \{\, \sigma \in S_n \mid \mathrm{sgn}(\sigma) = 1 \,\} \subset S_n.$$

このとき，命題 4.59 より，$\mathrm{id} \in A_n$ であり，偶置換と偶置換の積は偶置換，偶置換の逆元は偶置換となる．よって，A_n は S_n の部分群である．この A_n を n 次**交代群**とよぶ．

問 4.62 $n \geq 3$ とする．n 次交代群 A_n は $(1\ 2\ i)$, $(3 \leq i \leq n)$ で生成される，すなわち，$A_n = \langle (1\ 2\ 3), (1\ 2\ 4), \ldots, (1\ 2\ n) \rangle$ となることを示せ．

注意 4.63 問 4.62 では $n \geq 3$ としたが，$n = 2$ のときは，$A_2 = \langle \mathrm{id} \rangle = \{\,\mathrm{id}\,\} \subset S_2 = \langle (1\ 2) \rangle = \{\,\mathrm{id}, (1\ 2)\,\}$ であり，$n = 1$ のときは $S_1 = A_1 = \{\,\mathrm{id}\,\}$ となる．

4.5 剰余類

G を群，H をその部分群とする．$a, b \in G$ に対して $a^{-1}b \in H$ となるとき，a は b と H を法として（または法 H で）**右合同**であるといい，$a \sim_r b$ または

$a \sim_{/H} b$ と表す．また，$a, b \in G$ に対して $ba^{-1} \in H$ となるとき，a は b と H を法として（または法 H で）**左合同**であるといい，$a \sim_l b$ または $a \sim_{H\backslash} b$ と表す．とくに，左合同と右合同が一致するとき，a は b と H を法として合同であるといい，単に $a \sim b$ または $a \equiv b \pmod{H}$ と表す．

命題 4.64 右合同も左合同も同値関係である．

証明 右合同について示す．左合同も同様である．

(1) 部分群は単位元をもつので，任意の $a \in G$ について $a^{-1}a = e \in H$ である．よって，$a \sim_r a$ であり，反射律が成り立つ．

(2) $a^{-1}b \in H$ とする．H は群であるので $a^{-1}b$ の逆元は H の元である．すなわち，$H \ni (a^{-1}b)^{-1} = b^{-1}a$ となる．よって，$a \sim_r b$ ならば $b \sim_r a$ であり，対称律が成り立つ．

(3) $a^{-1}b \in H$ かつ $b^{-1}c \in H$ とする．H は積に関して閉じているので，$H \ni (a^{-1}b)(b^{-1}c) = a^{-1}c$ となる．よって，$a \sim_r b$ かつ $b \sim_r c$ ならば $a \sim_r c$ であり，推移律が成り立つ． □

右合同も左合同も同値関係であるので，群 G は $\sim_r$ や $\sim_l$ によって同値類に類別できる．次の命題より．右合同に関する $a \in G$ を含む同値類は aH であり，左合同に関する $a \in G$ を含む同値類は Ha となることがわかる．

命題 4.65 右合同と左合同について次が成り立つ．
(1) $a \sim_r b \iff b \in aH \iff aH = bH \iff aH \cap bH \neq \emptyset$.
(2) $a \sim_l b \iff b \in Ha \iff Ha = Hb \iff Ha \cap Hb \neq \emptyset$.
(3) 右合同と左合同が一致するための必要十分条件は，任意の $a \in G$ に対して $aH = Ha$ となることである．

証明 (1) と (2) は同様に示せるので (1) を示す．$a \sim_r b$ の定義より，$a \sim_r b$ となることは，$a^{-1}b = h$，つまり，$b = ah$ となる $h \in H$ が存在することと同値である．よって $a \sim_r b \iff b \in aH$ が従う．とくに，右合同に関する $a \in G$ を含む同値類は aH であり，その他の同値性については，命題 2.7 から直ちに従う．

(3) 右合同と左合同が一致するということは，a の属する右合同と左合同に関

する同値類が一致することであるので，主張を得る． □

　右合同の同値類 aH を**右剰余類**，左合同の同値類 Ha を**左剰余類**とよぶ．一般に右剰余類と左剰余類は一致しないが，単位元 e を含む右剰余類と左剰余類は共に $eH = He = H$ である．また，可換群では右剰余類と左剰余類は一致する．たとえば，右合同の類別については，Λ を添字集合とし $\{a_\lambda \mid \lambda \in \Lambda\}$ をこの右剰余類の完全代表系の一つとすれば，

$$G = \bigcup_{\lambda \in \Lambda} a_\lambda H, \quad a_\lambda H \cap a_\mu H = \emptyset \ (\lambda \neq \mu)$$

となる．これを G の H による**右剰余類分解**とよぶ．また，G の H を法とした右合同による商集合 $G/\sim_r$ を G/H と表す．つまり，

$$G/H = \{a_\lambda H \mid \lambda \in \Lambda\}$$

である．左合同の類別についても同様に，$\{b_\lambda \mid \lambda \in \Lambda\}$ を左剰余類の完全代表系の一つとするとき，

$$G = \bigcup_{\lambda \in \Lambda} Hb_\lambda, \quad Hb_\lambda \cap Hb_\mu = \emptyset \ (\lambda \neq \mu)$$

を G の H による**左剰余類分解**とよび，G の H を法とした左合同による商集合 $G/\sim_l$ を $H\backslash G$ と表す：

$$H\backslash G = \{Hb_\lambda \mid \lambda \in \Lambda\}.$$

また，右合同を扱っているか，左合同を扱っているかが明確で，法とする部分群 H もはっきりわかっており，混同の恐れがない場合には，aH や Ha を単に $\overline{a}$ で表す．たとえば，$\{a_\lambda \mid \lambda \in \Lambda\}$ をいずれかの剰余類の完全代表系の一つとすれば，

$$G = \bigcup_{\lambda \in \Lambda} \overline{a_\lambda}, \quad G/H = \{\overline{a_\lambda} \mid \lambda \in \Lambda\}$$

などと表す．

例 4.66 加法群 $\mathbb{Z}$ は可換であるので，右合同と左合同は一致している．また，$\mathbb{Z}$ の部分群 $m\mathbb{Z}$（$m \in \mathbb{Z}, m \geq 2$）による合同は，3.4 節の数の合同のことであ

4.5 剰余類

り，$a, b \in \mathbb{Z}$ について a が b と法 $m\mathbb{Z}$ で合同であるということは数の合同式 $a \equiv b \pmod{m}$ が成り立つことである．具体的には，$\mathbb{Z}$ の部分群 $m\mathbb{Z}$ による剰余類は $\bar{a} = a + m\mathbb{Z}$ $(a \in \mathbb{Z})$ の形であり，$a, b \in \mathbb{Z}$ に対して

$$\bar{a} = a + m\mathbb{Z} = b + m\mathbb{Z} = \bar{b} \iff a \equiv b \pmod{m}$$

が成り立ち，相異なる剰余類は全部で

$$\bar{0} = 0 + m\mathbb{Z} = m\mathbb{Z}, \quad \bar{1} = 1 + m\mathbb{Z}, \quad \ldots, \quad \overline{m-1} = (m-1) + m\mathbb{Z}$$

の m 個である．よって，その商集合は $\mathbb{Z}/m\mathbb{Z} = \{\bar{0}, \bar{1}, \cdots, \overline{m-1}\}$ となる．

例題 4.67

3次対称群 S_3 において，互換 $(2\ 3)$ の生成する部分群を H，3次交代群を A_3 とするとき，H および A_3 それぞれによる右剰余類と左剰余類を求めよ．また，それらの剰余類分解，商集合および完全代表系を与え，左右の剰余類を比べよ．

解答 S_3 の元を $e = \mathrm{id}$, $\sigma_1 = (1\ 2\ 3)$, $\sigma_2 = (1\ 3\ 2)$, $\tau_1 = (2\ 3)$, $\tau_2 = (1\ 3)$, $\tau_3 = (1\ 2)$ と表す．このとき，部分群 $H = \langle \tau_1 \rangle$ による右剰余類は

$$H = eH = \tau_1 H = \{e, \tau_1\},$$
$$\tau_2 H = \sigma_2 H = \{\tau_2, \sigma_2\}, \quad \tau_3 H = \sigma_1 H = \{\tau_3, \sigma_1\}$$

であり，右剰余類分解と商集合は

$$S_3 = H \cup \tau_2 H \cup \tau_3 H, \quad S_3/H = \{H, \tau_2 H, \tau_3 H\}$$

となる．また，H による左剰余類は，

$$H = He = H\tau_1 = \{e, \tau_1\},$$
$$H\tau_2 = H\sigma_1 = \{\tau_2, \sigma_1\}, \quad H\tau_3 = H\sigma_2 = \{\tau_3, \sigma_2\}$$

であり，左剰余類分解と商集合は

$$S_3 = H \cup H\tau_2 \cup H\tau_3, \quad H\backslash S_3 = \{H, H\tau_2, H\tau_3\}$$

となる．これより，右剰余類でも左剰余類でも完全代表系として同じ $\{\tau_1, \tau_2, \tau_3\}$ をとることができる．しかし，たとえば $\tau_2 H \neq H\tau_2$ より τ_2 を含む右剰余類と左剰余類は異なり，右合同と左合同は一致しない．

一方，3 次交代群 A_3 については，例題 4.55 より $A_3 = \{e, \sigma_1, \sigma_2\} = \langle \sigma_1 \rangle$ となり，A_3 による右剰余類と左剰余類は

$$A_3 = eA_3 = \sigma_1 A_3 = \sigma_2 A_3 = \{e, \sigma_1, \sigma_2\} = A_3 e = A_3 \sigma_1 = A_3 \sigma_2,$$

$$\tau_1 A_3 = \tau_2 A_3 = \tau_3 A_3 = \{\tau_1, \tau_2, \tau_3\} = A_3 \tau_1 = A_3 \tau_2 = A_3 \tau_3$$

であり，それぞれの剰余類分解と商集合は

$$S_3 = A_3 \cup \tau_1 A_3 = A_3 \cup A_3 \tau_1,$$
$$S_3/A_3 = \{A_3, \tau_1 A_3\} = \{A_3, A_3 \tau_1\} = A_3 \backslash S_3$$

となる．よって，右剰余類でも左剰余類でも完全代表系としてたとえば $\{e, \tau_1\}$ をとることができ，かつ，左右の剰余類は完全に一致する．□

例題 4.67 において，右剰余類と左剰余類が一致していない場合でもそれぞれの剰余類の個数は一致している．このことは次で述べるように一般に成り立つ．

命題 4.68 G を群，H をその部分群とする．このとき，写像

$$f: G/H \ni aH \longmapsto Ha^{-1} \in H \backslash G$$

は剰余類の代表元のとり方に依らず定まり（すなわち，$aH = bH$ ならば $Ha^{-1} = Hb^{-1}$ が成り立ち），全単射となる．とくに，商集合が有限であれば左右の剰余類の個数は同じである．

証明 $aH = bH$ とする．このとき H は部分群であるので，

$$Ha^{-1} = H^{-1}a^{-1} = (aH)^{-1} = (bH)^{-1} = H^{-1}b^{-1} = Hb^{-1}$$

を得る．よって，写像は代表元のとり方に依らず定まる．また，$Ha^{-1} = Hb^{-1}$ ならば同様にして $aH = bH$ も得られるので，$Ha^{-1} \mapsto aH$ により $H \backslash G$ から G/H への写像も代表元のとり方に依らず定まり，この写像は作り方より f の逆写像となる．よって，f は全単射である．□

4.5 剰余類

命題 4.68 より，右合同あるいは左合同による商集合が有限ならば右剰余類と左剰余類の個数は一致し，無限ならば共に無限になる．そこで，その濃度（有限のときにはその個数，無限のときには ∞）を $[G:H]$ で表し，G における H の**指数** (index) とよぶ．このとき，指数や群の位数，元の位数について次の極めて役に立つ定理が成り立つ．

定理 4.69（**ラグランジュ（Lagrange）の定理**） G を有限群，H をその部分群とする．このとき次が成り立つ．
(1) $|G| = [G:H]|H|$．とくに，H の位数は G の位数の約数である．
(2) G の元の位数は G の位数の約数である．したがって，$a \in G$ に対して $a^{|G|} = e$ が成り立つ．

証明 (1) G が有限群より G の H による剰余類の個数は有限である．そこで，$r = [G:H]$ とおくと，r 個の元からなる完全代表系 $\{a_1, a_2, \ldots, a_r\}$ がとれて，G の H による右剰余類分解は

$$G = a_1H \cup a_2H \cup \cdots \cup a_rH, \quad a_iH \cap a_jH = \emptyset \ (i \neq j)$$

で与えられる．ここで，例題 4.20 より a_i 倍写像は G から G 自身への全単射であるので，どの a_i についても $|H| = |a_iH|$ が成り立ち，次の等式が従う．

$$|G| = |a_1H| + |a_2H| + \cdots + |a_rH| = r|H| = [G:H]|H|.$$

(2) $a \in G$ とし，a で生成される巡回部分群 $\langle a \rangle$ を H とする．このとき，a の位数は $|H|$ であるので，(1) より $|G|$ の約数となる．したがって，$a^{|H|} = e$ と (1) より $a^{|G|} = a^{[G:H]|H|} = (a^{|H|})^{[G:H]} = e^{[G:H]} = e$ となる． □

例 4.70 3 次対称群 S_3 の位数は $3! = 6$ である．S_3 の部分群 $H = \langle (1\ 2) \rangle$ は位数 2 の巡回群であるので，S_3 における H の指数は

$$[S_3 : H] = \frac{|S_3|}{|H|} = \frac{6}{2} = 3$$

となる．また，$A_3 = \langle (1\ 2\ 3) \rangle$ は位数 3 の巡回群であるので，S_3 における A_3 の指数は

$$[S_3 : A_3] = \frac{|S_3|}{|A_3|} = \frac{6}{3} = 2$$

となる．これらの値は例題 4.67 で行った類別の見通しを立てるのに役立つ．

4.6 正規部分群と剰余群

群 G の部分群 H による右剰余類や左剰余類の全体である商集合は単なる集合である．一方，G には群としての演算がある．このことから，たとえば右剰余類の商集合 G/H に

$$aH \cdot bH = (a \cdot b)H \tag{4.3}$$

によって積が定義できるかどうか考えることは自然なことである．ここで，右辺の積は群 G の積であり，左辺の積が新しく定義する G/H の積である．たとえば，身近な例として次がある．

例 4.71 加法群 $\mathbb{Z}$ の部分群 $m\mathbb{Z}$ ($m \in \mathbb{Z}, m \geq 2$) による商集合 $\mathbb{Z}/m\mathbb{Z} = \{\overline{0}, \overline{1}, \ldots, \overline{m-1}\}$ において，和を $\overline{a} + \overline{b} = \overline{a+b}$ により定める．ここで，右辺の和は $\mathbb{Z}$ の和であり，左辺の和が商集合での新しい和である．この和は，法 m における整数の合同の性質（命題 3.41 参照）

$$a \equiv a' \pmod{m},\ b \equiv b' \pmod{m} \Longrightarrow a + b \equiv a' + b' \pmod{m}$$

により，剰余類の代表元のとり方に依らず定義できている．たとえば $m = 5$ のとき，$\mathbb{Z}/5\mathbb{Z}$ における和を具体的に計算すると

$$\overline{1} + \overline{2} = \overline{3}, \quad \overline{2} + \overline{3} = \overline{5} = \overline{0}, \quad \overline{3} + \overline{4} = \overline{7} = \overline{2}$$

となる．とくに，$\mathbb{Z}/5\mathbb{Z}$ の完全代表系を $\{\overline{0}, \overline{1}, \overline{2}, \overline{3}, \overline{4}\}$ として，$\mathbb{Z}/5\mathbb{Z}$ における和の演算表を作れば次のようになる．

和	$\overline{0}$	$\overline{1}$	$\overline{2}$	$\overline{3}$	$\overline{4}$
$\overline{0}$	$\overline{0}$	$\overline{1}$	$\overline{2}$	$\overline{3}$	$\overline{4}$
$\overline{1}$	$\overline{1}$	$\overline{2}$	$\overline{3}$	$\overline{4}$	$\overline{0}$
$\overline{2}$	$\overline{2}$	$\overline{3}$	$\overline{4}$	$\overline{0}$	$\overline{1}$
$\overline{3}$	$\overline{3}$	$\overline{4}$	$\overline{0}$	$\overline{1}$	$\overline{2}$
$\overline{4}$	$\overline{4}$	$\overline{0}$	$\overline{1}$	$\overline{2}$	$\overline{3}$

4.6 正規部分群と剰余群

さて，それでは一般に商集合に (4.3) で演算が定義できるだろうか．実は，できる場合とできない場合があり，次に述べる性質をもつ部分群による剰余類であることが演算が定義できるための必要十分条件となる（定理 4.78 参照）．

定義 4.72（正規部分群） G を群，N を G の部分群とする．任意の $a \in G$ に対して $aN = Na$ が成り立つとき，すなわち，a を含む右剰余類と左剰余類が一致するとき，N を G の**正規部分群**（normal subgroup）という．

正規部分群の定義より，群 G において G 自身と単位群 $\{e\}$ は常に G の正規部分群である．つまり，自明な部分群は正規部分群である．$G \neq \{e\}$ となる群 G が自明な部分群以外に正規部分群をもたないとき G を**単純群**とよぶ．正規部分群であることの判定には次の定理が役立つ．

定理 4.73（正規部分群の判定定理） G を群，N を G の部分群とする．このとき次の条件はすべて同値である．
 (1) N は G の正規部分群である．
 (2) 任意の $a \in G$ に対して $aNa^{-1} = N$ が成り立つ．
 (3) 任意の $a \in G$ に対して $aNa^{-1} \subset N$ が成り立つ．
 (4) 任意の $a \in G$ と任意の $n \in N$ に対して $ana^{-1} \in N$ が成り立つ．

証明 任意の $a \in G$ について $aN = Na \Leftrightarrow aNa^{-1} = N$ は直ちに従うので，(1) $\Leftrightarrow$ (2) は成り立つ．また，(2) $\Rightarrow$ (3) は当然の帰結であり，(4) は (3) の単なる言い換えである．よって，(3) $\Rightarrow$ (2) を示せばすべての同値性が従う．

そこで (3) が成り立つとする．任意の $a \in G$ について $a^{-1} \in G$ であるので，(3) より $a^{-1}Na = a^{-1}N(a^{-1})^{-1} \subset N$ が成り立つ．よって，

$$N = (aa^{-1})N(aa^{-1}) = a(a^{-1}Na)a^{-1} \subset aNa^{-1}$$

を得る．したがって，$aNa^{-1} = N$ が成り立ち，(3) $\Rightarrow$ (2) が示せた． □

例 4.74 G が可換群であれば G のどんな部分群も正規部分群である．とくに，加法群の部分群は正規部分群である．

例 4.75 $GL(n, \mathbb{R})$ の部分群 $SL(n, \mathbb{R})$ は正規部分群である．実際，任意

の $A \in GL(n, \mathbb{R})$ と任意の $B \in SL(n, \mathbb{R})$ に対して, $\det(ABA^{-1}) = \det(A)\det(B)\det(A)^{-1} = 1$ となる. よって, $ABA^{-1} \in SL(n, \mathbb{R})$ が得られるので, 定理 4.73 より正規部分群となる.

例 4.76 3次交代群 A_3 は3次対称群 S_3 の正規部分群である. このことは, 例題 4.67 の計算からもわかるが, 任意の $\sigma \in A_3$ と $\tau \in S_3$ について $\tau\sigma\tau^{-1}$ は常に偶置換となることより定理 4.73 からも従う.

一方, S_3 の元 $\tau_1 = (2\ 3)$ で生成される巡回部分群 $H = \langle \tau_1 \rangle$ については, 例題 4.67 で述べたように $\tau_2 = (1\ 3)$ に対して $\tau_2 H \neq H\tau_2$ であったので, 正規部分群ではない. 例題 4.55 において S_3 の部分群をすべて求めたが, そのうち S_3 の正規部分群は $\{e\}, A_n, S_n$ の3つであり, 残りの3つは正規部分群でないことがわかる.

問 4.77 群 G の中心 $Z(G)$ は G の正規部分群であることを示せ.

定理 4.73 で正規部分群であるための必要十分条件を与えたが, 剰余類に (4.3) によって積が定義できることと剰余類を与える部分群が正規部分群であることも同値であることがわかる. それが次の定理である.

> **定理 4.78** G を群, N を G の部分群とする. このとき次の3条件はすべて同値である.
> (1) N は G の正規部分群である.
> (2) 任意の $a, b \in G$ に対して集合として $(aN)(bN) = abN$ となる.
> (3) 任意の $a, b, a', b' \in G$ に対して $aN = a'N$ かつ $bN = b'N$ ならば $abN = a'b'N$ となる.

証明 (1) が成り立つとする. このとき, 集合としての演算より, $(aN)(bN) = a(Nb)N = a(bN)N = (ab)NN = (ab)N$ を得る. よって (1) ⇒ (2) が従う.

次に (2) が成り立つとする. このとき, (3) の仮定をみたす $a, b, a', b' \in G$ に対して $abN = (aN)(bN) = (a'N)(b'N) = a'b'N$ より, (2) ⇒ (3) を得る.

最後に (3) が成り立つとする. $a \in G$ を任意にとり, $x \in aN, y \in a^{-1}N$ とすれば, $xN = aN, yN = a^{-1}N$ であるので, $xy \in xyN = aa^{-1}N = N$ となる. よって $(aN)(a^{-1}N) \subset N$ である. したがって $aNa^{-1} \subset (aN)(a^{-1}N) \subset N$

4.6 正規部分群と剰余群

を得る．よって，定理 4.73 より N は正規部分群である． □

定理 4.78 より，N を群 G の正規部分群とすれば，商集合 G/N に自然に積が定義できることになる．つまり，次が成り立つ．

> **定理 4.79** G を群，N を G の正規部分群とする．N に関する商集合 G/N の元 aN と bN に対して，その積
>
> $$aN \cdot bN = abN$$
>
> は剰余類の代表元のとり方に依らず定まり（すなわち，定理 4.78 の (3) が成り立ち），この積について G/N は群になる．これを G の N による**剰余群**（**剰余類群**）または**商群**という．

証明 積が定まることは定理 4.78 より直ちにわかる．また，$a, b, c \in G$ について，$(aN \cdot bN) \cdot cN = abN \cdot cN = (ab)cN = a(bc)N = aN \cdot bcN = aN \cdot (bN \cdot cN)$ より結合律が成り立つ．さらに，$N = eN$ が単位元であり，aN の逆元は $a^{-1}N$ である．よって，G/N は群になる． □

G を群，N を G の正規部分群とするとき，剰余類は左右の区別がなくなるので，a の属する N による剰余類 $aN (= Na)$ を単に $\bar{a}$ と表す：

$$\bar{a} = aN = Na$$

この記法を用いれば，剰余群 G/N での積は

$$\bar{a} \cdot \bar{b} = \overline{ab},$$

と表せる．

G が加法群のときには，G の部分群 N は常に正規部分群であり，N による剰余類は $a + N$ の形で表せ，剰余群 G/N における演算は

$$(a + N) + (b + N) = (a + b) + N$$

となる．$\bar{a} = a + N$ を用いて書き直せば，$\bar{a} + \bar{b} = \overline{a + b}$ である．

例 4.80 例 4.71 を再考する．加法群 $\mathbb{Z}$ の部分群 $m\mathbb{Z}$ ($m \in \mathbb{Z}, m \geq 2$) は正規

部分群であるので,商集合 $\mathbb{Z}/m\mathbb{Z}$ は群となる.このとき,演算 $\bar{a}+\bar{b}=\overline{a+b}$ は整数の法 m における合同式の加法そのものである.また,任意の $\bar{a} \in \mathbb{Z}/m\mathbb{Z}$ ($a \in \mathbb{Z}, a \geq 1$) について

$$\bar{a} = \underbrace{\overline{1+\cdots+1}}_{a} = \underbrace{\bar{1}+\cdots+\bar{1}}_{a} = a\bar{1}$$

となるので,$\mathbb{Z}/m\mathbb{Z}$ は $\bar{1} = 1 + m\mathbb{Z}$ を生成元とする位数 m の巡回群である.

例 4.81 3 次交代群 A_3 は例 4.76 で述べた通り 3 次対称群 S_3 の正規部分群である.よって,S_3 の A_3 による商集合 S_3/A_3 は群になる.S_3 の元を $e = \mathrm{id}$, $\sigma_1 = (1\ 2\ 3)$, $\sigma_2 = (1\ 3\ 2)$, $\tau_1 = (2\ 3)$, $\tau_2 = (1\ 3)$, $\tau_3 = (1\ 2)$ と表すと,例題 4.67 で調べた通り,

$$S_3/A_3 = \{A_3, \tau_1 A_3\}, \quad A_3 = \{e, \sigma_1, \sigma_2\}, \quad \tau_1 A_3 = \{\tau_1, \tau_2, \tau_3\}$$

である.代表元の計算で剰余群での演算結果が決まるので,たとえば $ee = \tau_1\tau_1 = e$, $e\tau_1 = \tau_1 e = \tau_1$ により,次の S_3/A_3 の演算表が得られる:

積	A_3	$\tau_1 A_3$
A_3	A_3	$\tau_1 A_3$
$\tau_1 A_3$	$\tau_1 A_3$	A_3

よって,A_3 が単位元で,各元の逆元は自分自身である.とくに,S_3/A_3 は $\tau_1 A_3$ を生成元とする位数 2 の巡回群である.

一方,S_3 の位数 2 の部分群 $H = \langle \tau_1 \rangle$ は,例 4.76 で述べた通り正規部分群ではない.したがって,定理 4.78 より S_3/H に S_3 の積から (4.3) により自然に定まる積を作ることはできない.具体的にこのことを見てみると,例 4.67 で調べた通り,

$$S_3/H = \{H, \tau_2 H, \tau_3 H\},$$
$$H = \{e, \tau_1\}, \quad \tau_2 H = \{\tau_2, \sigma_2\}, \quad \tau_3 H = \{\tau_3, \sigma_1\},$$

であり,たとえば $H \ni e, \tau_1$ と $\tau_2 H \ni \tau_2$ の積を求めると,

$$e\tau_2 = \tau_2 \in \tau_2 H, \quad \tau_1 \tau_2 = \sigma_1 \in \tau_3 H$$

となり，代表元のとり方によってその積の属する剰余類が違ってしまう．したがって，(4.3) により H と $\tau_2 H$ の積を定義することはできない．

4.7 群の準同型写像

2つの対象の関係を調べたいとき，その間に写像があると役立つことがある．しかし，群は演算をもつので，群としての関係を調べるためには，写像があるだけでは十分ではない．そこで登場するのが準同型写像である．

> **定義 4.82（準同型写像）** 群 G から群 G' への写像 $f : G \to G'$ が任意の $a, b \in G$ に対して
> $$f(ab) = f(a)f(b)$$
> をみたすとき，f を G から G' への（群の）**準同型写像**（group homomorphism）という．単に**準同型**ということもある．また，準同型写像 f が単射であるとき（群の）**単準同型（写像）**，全射であるとき（群の）**全準同型（写像）**といい，さらに，全単射であるときには f を（群の）**同型写像**（group isomorphism）または単に（群の）**同型**という．必要に応じて，群準同型（写像）や群同型（写像）とよぶこともある．

群 G から群 G' に準同型写像 f があるということは，元の対応 $a \mapsto f(a)$，$b \mapsto f(b)$ に加えて，その積についても

$$G \ni ab \longmapsto f(a)f(b) \in G'$$

という対応があることを意味する．演算表で表せば，

G	$\cdots$	b	$\cdots$
$\vdots$		$\vdots$	
a	$\cdots$	ab	$\cdots$
$\vdots$		$\vdots$	

$\xrightarrow{f}$

$f(G) \subset G'$	$\cdots$	$f(b)$	$\cdots$
$\vdots$		$\vdots$	
$f(a)$	$\cdots$	$f(ab)$	$\cdots$
$\vdots$		$\vdots$	

であり，2つの群の間で演算が保たれている様子がわかる．とくに，G と G' の間に同型写像があるということは，演算を保つ全単射があるということであり，

2つの群の演算表は本質的に同じになる．このことから，群として同型とは，集合として異なっていても，その集合に定義された演算についての関係だけに注目すれば，両者は同じである（すなわち，群としての構造は同じである），ということである．そこで，群 G から群 G' への同型写像が存在するとき，G と G' は**同型**であるといい，$G \simeq G'$ と表す．また，写像 f により同型であるということを明記したい場合には，$f : G \xrightarrow{\sim} G'$ または $G \underset{f}{\simeq} G'$ と表す（命題 4.91 やその後で述べるように同型 $\simeq$ は等号と同じような性質をもつ）．

例を与える前に，準同型写像の基本的な性質を述べておく．

命題 4.83 群 G から群 G' への準同型写像 f について次が成り立つ．
 (1) $f(e_G) = e_{G'}$ となる．
 (2) 任意の $a \in G$ に対して $f(a^{-1}) = f(a)^{-1}$ となる．

証明 (1) 準同型の定義より $f(e_G) = f(e_G \cdot e_G) = f(e_G)f(e_G)$ となるので，この両辺に $f(e_G)^{-1}$ を掛ければ $e_{G'} = f(e_G)$ を得る．

(2) 準同型の定義と (1) より $f(a)f(a^{-1}) = f(aa^{-1}) = f(e_G) = e_{G'}$ となるので，$f(a^{-1})$ は $f(a)$ の逆元，すなわち，$f(a^{-1}) = f(a)^{-1}$ となる． □

例 4.84 群 G から G 自身への恒等写像 id_G は同型写像である．

例 4.85 G を群，H を G の部分群とする．このとき，写像 $\iota : H \ni h \mapsto h \in G$ は単準同型写像である．これを H の G への**埋め込み写像**，または，単に**埋め込み**という．

例 4.86 群 G から群 G' への写像 f を任意の $a \in G$ に対して $f(a) = e_{G'}$ と定めると f は準同型写像となる．とくに G と G' が加法群であるとき，この写像は $f(a) = 0_{G'}$ となるので**零写像**という．

例 4.87 G を群，N を G の正規部分群とする．このとき，剰余群 G/N が得られる．そこで，G から G/N への写像 f を

$$f : G \ni a \longmapsto aN \in G/N$$

と定めると，$f(ab) = abN = (aN)(bN) = f(a)f(b)$ かつ $f(G) = G/N$ とな

るので，f は全準同型写像となる．この f を**自然な準同型写像**という．

例 4.88 $a \in \mathbb{R}$ とする．任意の $x \in \mathbb{R}$ に対して $f(x) = ax$ と定めると，$f(x+y) = a(x+y) = ax + ay = f(x) + f(y)$ より，f は加法群 $\mathbb{R}$ から加法群 $\mathbb{R}$ への準同型写像となる．この f は $a = 0$ ならば零写像であり，$a \neq 0$ ならば同型写像である．また，とくに $a = 1$ ならば恒等写像となる．どんな $a \neq 0$ に対しても同型写像であるので，同じ群の間の同型写像でもいろいろなものが存在することがわかる．一方，$b \in \mathbb{R}$（$b \neq 0$）とし，$g(x) = ax + b$ と定めると，$g(x)$ は加法群 $\mathbb{R}$ から加法群 $\mathbb{R}$ への準同型写像とはならない．

例 4.89 $a \in \mathbb{R}$（$a \neq 0$）に対して，対角成分が a である n 次正方行列 aE（E は単位行列）を対応させると，$(aE)(bE) = abE$ なので，乗法群 $\mathbb{R}^\times = \mathbb{R} - \{0\}$ から一般線形群 $GL(n, \mathbb{R})$ への準同型写像 f が得られる．さらに，$aE = bE$ ならば $a = b$ であるので，この f は単準同型写像である．

例 4.90 $a \in \mathbb{R}_{>0}$（$a \neq 1$）とし，加法群 $\mathbb{R}$ から乗法群 $\mathbb{R}^\times$ への写像 f を

$$f : \mathbb{R} \ni r \longmapsto a^r \in \mathbb{R}^\times = \mathbb{R} - \{0\}$$

と定める．このとき，$s, t \in \mathbb{R}$ に対して $a^{s+t} = a^s a^t$ であり，また，$a^r = a^s$ ならば $r = s$ なので，f は単準同型写像である．

準同型写像の合成写像や同型写像に関する性質も述べておく．

命題 4.91 群の準同型写像について次が成り立つ．
(1) 同型写像は逆写像が存在し，その逆写像も同型写像である．
(2) f を群 G から群 G' への準同型写像，g を群 G' から群 G'' への準同型写像とするとき，その合成写像 $g \circ f$ は G から G'' への準同型写像である．とくに，f と g がともに同型写像ならば $g \circ f$ も同型写像である．

証明 (1) $f : G \to G'$ を同型写像とする．f は全単射であるから逆写像 f^{-1} が存在する．任意の $a', b' \in G'$ について，f は全射であるから $f(a) = a', f(b) = b'$ となる $a, b \in G$ が存在する．このとき，$f(ab) = f(a)f(b) = a'b', a = f^{-1}(a'), b = f^{-1}(b')$ であるから，$f^{-1}(a'b') = ab = f^{-1}(a')f^{-1}(b')$ となり，f^{-1} は準同型写像である．全単射の逆写像は全単射であるので，したがって f^{-1} は同型

写像である．

(2) $a, b \in G$ について，$(g \circ f)(ab) = g(f(ab)) = g(f(a)f(b)) = g(f(a))g(f(b)) = (g \circ f)(a)(g \circ f)(b)$ となり，$g \circ f$ は準同型写像である．また，全単射の合成は全単射であるので，同型写像の合成は同型写像である． □

例 4.84 と命題 4.91 より，群の同型 $\simeq$ に関して
(1) 反射律：$G \simeq G$,
(2) 対称律：$G \simeq G'$ ならば $G' \simeq G$,
(3) 推移律：$G \simeq G'$ かつ $G' \simeq G''$ ならば $G \simeq G''$

が成り立つ．つまり，同型はまさに群として"等しい"という関係である．

例 4.92　例 4.90 における単準同型写像 f について，とくに値をとる集合を $\mathbb{R}^{\times}$ から正の実数全体のなす乗法群 $\mathbb{R}_{>0}$ に置き換えた写像を

$$g : \mathbb{R} \ni r \longmapsto a^r \in \mathbb{R}_{>0}$$

とすれば，これは同型写像となる．つまり，$(\mathbb{R}, +) \simeq (\mathbb{R}_{>0}, \times)$ である．また，g の逆写像は

$$g^{-1} : \mathbb{R}_{>0} \ni r \longmapsto \log_a r \in \mathbb{R}$$

であり，これも同型写像となる．

例 4.93　S_4 を 4 次対称群，$m \in X_4 = \{1, 2, 3, 4\}$ を一つ固定し，m を動かさない置換全体の集合を F_m とおく：

$$F_m = \{\, \sigma \in S_4 \mid \sigma(m) = m \,\} \subset S_4$$

F_m の元の合成や逆置換も m を動かさないので，F_m は S_4 の部分群である．

いま $m = 4$ とする．$\{i_1, i_2, i_3\} = \{1, 2, 3\}$ として，写像 f を

$$\begin{array}{ccc} F_4 & \xrightarrow{f} & S_3 \\ \cup & & \cup \\ \sigma = \begin{pmatrix} 1 & 2 & 3 & 4 \\ i_1 & i_2 & i_3 & 4 \end{pmatrix} & \longmapsto & \begin{pmatrix} 1 & 2 & 3 \\ i_1 & i_2 & i_3 \end{pmatrix} = f(\sigma) \end{array}$$

と定める．f は"動かさない数は表記からはずす"という写像であり，すぐわか

4.7 群の準同型写像

るように全単射かつ準同型写像，つまり，同型写像となる．よって $F_4 \simeq S_3$ であり，とくに S_4 は S_3 と同型な部分群をもつ．

$m = 1, 2, 3$ の場合にも，動かさない数を表記からはずし，残り 3 つの数を $X_3 = \{1, 2, 3\}$ と対応させることで，同型 $F_m \simeq S_3$ が得られ，結果として，

$$F_1 \simeq F_2 \simeq F_3 \simeq F_4 \simeq S_3$$

となる．この例における同型対応は，たとえば，$\begin{pmatrix} 1 & 2 & 3 \\ 2 & 3 & 1 \end{pmatrix}$ を S_3 の元とみても S_4 の元（さらに大きな S_n の元）とみてもよく，都合よく利用できることを保証していると言える．

例 4.88 で同型写像が存在する場合それは一つとは限らないことを注意した．次の例もそのような例であり，同型や同型写像を理解する上で基本的な例である．

例 4.94 $\zeta = \cos \frac{2\pi}{3} + i \sin \frac{2\pi}{3} \in \mathbb{C}$ とし，$\boldsymbol{\mu}_3 = \langle \zeta \rangle = \{1, \zeta, \zeta^2\}$ とおくと，これは位数 3 の巡回群である（例 4.44 参照）．また，加法群 $\mathbb{Z}$ の法 3 による剰余群 $\mathbb{Z}/3\mathbb{Z}$ も $\mathbb{Z}/3\mathbb{Z} = \langle \overline{1} \rangle = \{\overline{0}, \overline{1}, \overline{2}\}$ となり，位数 3 の巡回群である．そこで，$\boldsymbol{\mu}_3$ から $\mathbb{Z}/3\mathbb{Z}$ への写像 f_1 を，生成元 ζ と $\overline{1}$ の対応をもとに，

$$f_1 : \zeta \longmapsto \overline{1}, \quad \zeta^2 \longmapsto \overline{2} = 2 \cdot \overline{1}, \quad \zeta^3 = 1 \longmapsto \overline{0} = 3 \cdot \overline{1}$$

と定めると，これは同型写像となる．演算表で対応を表せば次の通りである：

$\boldsymbol{\mu}_3$	1	ζ	ζ^2
1	1	ζ	ζ^2
ζ	ζ	ζ^2	1
ζ^2	ζ^2	1	ζ

$\boldsymbol{\mu}_3$			$\mathbb{Z}/3\mathbb{Z}$	$\overline{0}$	$\overline{1}$	$\overline{2}$
1	$\xrightarrow{f_1}$	$\overline{0}$	$\overline{0}$	$\overline{0}$	$\overline{1}$	$\overline{2}$
ζ	$\longmapsto$	$\overline{1}$	$\overline{1}$	$\overline{1}$	$\overline{2}$	$\overline{0}$
ζ^2	$\longmapsto$	$\overline{2}$	$\overline{2}$	$\overline{2}$	$\overline{0}$	$\overline{1}$

ところで，生成元は一意的ではなく，$\boldsymbol{\mu}_3 = \langle \zeta \rangle = \langle \zeta^2 \rangle$ かつ $\mathbb{Z}/3\mathbb{Z} = \langle \overline{1} \rangle = \langle \overline{2} \rangle$ であるので，この他にも

$$f_2 : \zeta \longleftrightarrow \overline{2}, \quad f_3 : \zeta^2 \longleftrightarrow \overline{1}, \quad f_4 : \zeta^2 \longleftrightarrow \overline{2},$$

という生成元の対応から同様に準同型となるように他の元の対応を決めれば写像 f_i $(i = 2, 3, 4)$ が定まり，これらはどれも同型写像となる．すぐわかるよ

うに $f_1 = f_4 \neq f_2 = f_3$ であることから μ_3 から $\mathbb{Z}/3\mathbb{Z}$ への異なる同型写像が2つ得られる．なお，3つの元から3つの元への写像は $3^3 = 27$ 個存在するが，その中で全単射となるものは $3! = 6$ 個あり，さらにその中で同型を与えるものはこの2つだけである．

例 4.95 3次対称群 S_3 と位数6の二面体群 D_3 は同型である．実際，例 4.45 と例題 4.55 より，各例における記号を用いれば，$S_3 = \langle \tau_1, \sigma_1 \rangle$，$D_3 = \langle \tau, \sigma \rangle$ であるので，S_3 から D_3 への写像 f を，位数の同じ生成元同士を対応させて $f(\tau_1) = \tau$ かつ $f(\sigma_1) = \sigma$ とし，他の元については準同型となるように $f(\tau_1^i \sigma_1^j) = f(\tau_1)^i f(\sigma_1)^j$ と定めれば，この f は同型写像となる．よって，$S_3 \simeq D_3$ である．このことは，例題 4.55 で与えた S_3 の演算表と次の D_3 の演算表

S_3		D_3	1	σ	σ^2	τ	$\tau\sigma$	$\tau\sigma^2$
e	$\xmapsto{f}$	1	1	σ	σ^2	τ	$\tau\sigma$	$\tau\sigma^2$
σ_1	$\longmapsto$	σ	σ	σ^2	1	$\tau\sigma^2$	τ	$\tau\sigma$
$\sigma_1^2 = \sigma_2$	$\longmapsto$	σ^2	σ^2	1	σ	$\tau\sigma$	$\tau\sigma^2$	τ
τ_1	$\longmapsto$	τ	τ	$\tau\sigma$	$\tau\sigma^2$	1	σ	σ^2
$\tau_1\sigma_1 = \tau_2$	$\longmapsto$	$\tau\sigma$	$\tau\sigma$	$\tau\sigma^2$	τ	σ^2	1	σ
$\tau_1\sigma_1^2 = \tau_3$	$\longmapsto$	$\tau\sigma^2$	$\tau\sigma^2$	τ	$\tau\sigma$	σ	σ^2	1

が互いに記号の置き換えを行うことで全く同じものになっていることからもわかる．一方，$n \geq 4$ の場合には，$|S_n| = n! > 2n = |D_n|$ となるので，全単射は作れず，S_n と D_n は同型にはならない．

例 4.94 と例 4.95 では位数が同じ群についてそれらが同型であることをみたが，次の例からわかるように位数が同じだけでは同型にはならない．

例 4.96 問 4.30 のクラインの四元群 $G = \{1, \sigma, \tau, \rho\}$ と加法群 $\mathbb{Z}/4\mathbb{Z} = \{\overline{0}, \overline{1}, \overline{2}, \overline{3}\}$ はどちらも位数4のアーベル群であるが，G と $\mathbb{Z}/4\mathbb{Z}$ は同型ではない．実際，仮に G から $\mathbb{Z}/4\mathbb{Z}$ への同型写像 f が存在したとし，$f(\sigma) = \overline{a}$ とする．このとき，f は単射かつ $f(1) = \overline{0}$ より $\overline{a} \neq \overline{0}$ である．また $\sigma^2 = 1$ より，$\overline{0} = f(1) = f(\sigma^2) = 2f(\sigma) = 2\overline{a}$ なので $\overline{a} = \overline{2}$ が従う．よって，$f(\sigma) = \overline{2}$ である．一方，$f(\tau) = \overline{b}$ とおくと，$\tau^2 = 1$ より同様にして $\overline{b} = \overline{2}$ が従う．すな

わち，$f(\sigma) = f(\tau)$ となる．しかし，これは f の単射性に矛盾する．以上より，G と $\mathbb{Z}/4\mathbb{Z}$ は同型ではない．

ここで，同型が作れなかった理由を振り返ってみる．σ と τ は G の相異なる位数 2 の元であるが，$\mathbb{Z}/4\mathbb{Z}$ の位数 2 の元は $\overline{2}$ ただ一つである．よって，準同型写像で対応を作ると，σ も τ も行き先は $\overline{2}$ だけということになり，単射にはなり得ない．実際は，G には σ, τ, ρ という 3 つの相異なる位数 2 の元が存在するので，同型な群であればちょうど 3 つの相異なる位数 2 の元が存在しなければならないのである．この他に，G には位数 4 の元は存在しないが，$\mathbb{Z}/4\mathbb{Z}$ の元 $\overline{1}$ は位数 4 である．このような違いがまさに群としての構造の違いであり，群として異なる，つまり，同型でないということになる．

注意 4.97 4.9 節の群の直積を用いれば，問 4.30 のクラインの四元群 G について，$G \simeq (\mathbb{Z}/2\mathbb{Z}) \times (\mathbb{Z}/2\mathbb{Z})$ が成り立つ（章末の演習問題の演習 8 参照）．

群 G から群 G' への準同型写像 $f : G \to G'$ に対して

$$\mathrm{Im}(f) = f(G) = \{\, f(a) \mid a \in G \,\} \subset G',$$
$$\mathrm{Ker}(f) = f^{-1}(e_{G'}) = \{\, x \in G \mid f(x) = e_{G'} \,\} \subset G$$

とおき，$\mathrm{Im}(f)$ を f の**像** (image)，$\mathrm{Ker}(f)$ を f の**核** (kernel) という．準同型写像の像と核は次の性質をもつ．

命題 4.98 群 G から群 G' への準同型写像を f とするとき，次が成り立つ．
(1) $\mathrm{Im}(f)$ は G' の部分群である．
(2) $\mathrm{Ker}(f)$ は G の正規部分群である．
(3) f は単射である $\iff \mathrm{Ker}(f) = \{\, e_G \,\}$ である．

証明 (1) $a' = f(a), b' = f(b) \in \mathrm{Im}(f)$ $(a, b \in G)$ について，命題 4.83 より $a'(b'^{-1}) = f(a)f(b^{-1}) = f(ab^{-1}) \in \mathrm{Im}(f)$ $(ab^{-1} \in G)$ となるので，$\mathrm{Im}(f)$ は G' の部分群である．

(2) $a, b \in \mathrm{Ker}(f)$ とする．命題 4.83 より $f(ab^{-1}) = f(a)f(b)^{-1} = e_{G'}e_{G'}^{-1} = e_{G'}$ となる．よって，$ab^{-1} \in \mathrm{Ker}(f)$ となり，$\mathrm{Ker}(f)$ は G の部分群である．また，任意の $g \in G$ に対して，$f(gag^{-1}) = f(g)f(a)f(g)^{-1} = f(g)e_{G'}f(g)^{-1} = f(g)f(g)^{-1} = e_{G'}$ より $gag^{-1} \in \mathrm{Ker}(f)$ となる．したがっ

て，Ker(f) は正規部分群である．

(3) f を単射とする．$a \in \mathrm{Ker}(f)$ とすれば，$f(a) = e_{G'}$ であり，命題 4.83 より $f(e_G) = e_{G'}$ なので，$f(a) = f(e_G)$ を得る．よって，f の単射性より $a = e_G$ となる．したがって，$\mathrm{Ker}(f) \subset \{e_G\}$ である．逆向きの包含関係は再び命題 4.83 より成り立つので，$\mathrm{Ker}(f) = \{e_G\}$ を得る．

次に，$\mathrm{Ker}(f) = \{e_G\}$ とする．$a, b \in G$ について $f(a) = f(b)$ が成り立つとすれば，$f(ab^{-1}) = f(a)f(b)^{-1} = f(a)f(a)^{-1} = e_{G'}$ を得る．よって $ab^{-1} \in \mathrm{Ker}(f) = \{e_G\}$ となる．したがって，$ab^{-1} = e_G$ であるから，$a = b$ となる．よって，f は単射である． □

注意 4.99 命題 4.98 は準同型写像でないときには成り立たない．とくに (3) を利用する場合には準同型であることの確認が必要である．

例 4.100 一般線形群 $GL(n, \mathbb{R})$ から乗法群 $\mathbb{R}^\times = \mathbb{R} - \{0\}$ への写像 f を

$$f : GL(n, \mathbb{R}) \ni A \longmapsto \det(A) \in \mathbb{R}^\times$$

と定める．$\det(A)$ は A の行列式である．このとき $\det(AB) = \det(A)\det(B)$ より f は準同型写像となる．また，その核は $\det(A) = 1$ となる正則行列の全体であるので $\mathrm{Ker}(f) = SL(n, \mathbb{R})$ となる．すでに例 4.75 で述べたことではあるが，これにより命題 4.98 からも $SL(n, \mathbb{R})$ が $GL(n, \mathbb{R})$ の正規部分群であることがわかる．

例 4.101 群 G の元 a を一つ固定し，加法群 $\mathbb{Z}$ から G への写像 f を

$$f : \mathbb{Z} \ni n \longmapsto a^n \in G$$

と定めると，$f(m+n) = a^{m+n} = a^m a^n = f(m)f(n)$ となるので，f は準同型写像である．このとき，$\mathrm{Im}(f) = \langle a \rangle$，$\mathrm{Ker}(f) = \{n \in \mathbb{Z} \mid a^n = e\}$ である．とくに，G が a で生成される巡回群であれば f は全準同型写像となる．さらに，G が a で生成される無限巡回群であれば，$a^n = e$ となる $n \in \mathbb{Z}$ は $n = 0$ だけなので $\mathrm{Ker}(f) = \{0\}$ であり，定理 4.98 より f は同型となる．

問 4.102 G と G' を群，f を G から G' への準同型写像とし，H を G の部分群，H' を G' の部分群とする．このとき次を示せ．

(1) H' の逆像 $f^{-1}(H') = \{a \in G \mid f(a) \in H'\}$ は G の部分群である．

(2) H の像 $f(H) = \{f(a) \mid a \in H\}$ は G' の部分群である．
(3) H' が G' の正規部分群ならば，$f^{-1}(H')$ も G の正規部分群である．
(4) f が全準同型写像，H が G の正規部分群ならば，H の像 $f(H)$ も G' の正規部分群である．

同型を知ることは群を知る上で決定的な役割を演じる．次に述べる定理は準同型があれば同型を作れるという意味でとても重要な定理である．群 G から群 G' への準同型写像を f とすると，命題 4.98 より f の核 $\mathrm{Ker}(f)$ は G の正規部分群であり，剰余群 $G/\mathrm{Ker}(f)$ が得られる．一方，同じく命題 4.98 より f の像 $\mathrm{Im}(f)$ は G' の部分群である．このとき，この 2 つの群 $G/\mathrm{Ker}(f)$ と $\mathrm{Im}(f)$ は同型になるというのが次の定理である．

定理 4.103（群の準同型定理） 写像 f を群 G から群 G' への準同型写像とし，$N = \mathrm{Ker}(f)$ とおく．このとき，写像 $\overline{f}$ を

$$\overline{f} : G/N \ni \overline{a} = aN \longmapsto f(a) \in G'$$

と定めると，$\overline{f}$ は代表元のとり方に依らず定義され，単準同型写像となる．したがって，

$$\overline{f} : G/N = G/\mathrm{Ker}(f) \simeq \mathrm{Im}(f) \subset G'$$

となる同型が得られる．

証明 $N = \mathrm{Ker}(f)$ と f の準同型性より

$$aN = bN \iff a^{-1}b \in N = \mathrm{Ker}(f)$$
$$\iff f(a)^{-1}f(b) = f(a^{-1}b) = e_{G'} \iff f(a) = f(b)$$

となるので，右向きの矢印から $\overline{f}$ が代表元のとり方に依らず定義されることがわかり，左向きの矢印と $\overline{f}(\overline{a}) = f(a)$ により $\overline{f}$ が単射であることが従う．また，$\overline{f}(\overline{a}\overline{b}) = \overline{f}(\overline{ab}) = f(ab) = f(a)f(b) = \overline{f}(\overline{a})\overline{f}(\overline{b})$ より $\overline{f}$ は準同型写像である．さらに，$\mathrm{Im}(\overline{f}) = \mathrm{Im}(f)$ であるので，最後の同型も従う． □

注意 4.104 定理 4.103 の証明において，$aN = bN$ と $f(a) = f(b)$ が同値であることを示した．よって，剰余類 G/N は写像 f から得られる同値関係 $\sim_f$ による商集合 $G/\sim_f$ と一致する．したがって，定理 2.9 により $\overline{f}$ は $G/N = G/\sim_f$ から $\mathrm{Im}(f)$ へ

の全単射であることが従う．このことから，準同型定理は定理 2.9 の群準同型版であると言える．

注意 4.105 群の準同型定理は次のように言い換えられる．

写像 f を群 G から群 G' への準同型写像，写像 g を群 G から剰余群 $G/\mathrm{Ker}(f)$ への自然な準同型写像とする．このとき，同型写像

$$\overline{f}: G/\mathrm{Ker}(f) \simeq \mathrm{Im}(f) \subset G'$$

で，$f = \overline{f} \circ g$ となるものが唯一つ存在する：

$$\begin{array}{ccc} G & \xrightarrow{f} & \mathrm{Im}(f) \subset G' \\ {\scriptstyle g}\downarrow & \nearrow {\scriptstyle \exists \overline{f}} & \\ G/\mathrm{Ker}(f) & & \end{array}$$

実際，定理 4.103 の $\overline{f}$ は $f = \overline{f} \circ g$ をみたし，$\overline{f}(\overline{a})$ の像は $f(a)$ でなくてはならないので，唯一つである．

準同型定理は次の図式を利用するとイメージしやすい．

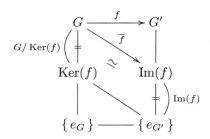

例 4.106 例 4.100 で扱った一般線形群 $GL(n, \mathbb{R})$ から乗法群 $\mathbb{R}^\times$ への準同型写像

$$f: GL(n, \mathbb{R}) \ni A \longmapsto \det(A) \in \mathbb{R}^\times$$

について，たとえば，$(1,1)$ 成分が $a \in \mathbb{R}^\times$ でそれ以外の対角成分が 1 である対角行列の行列式は a であるので，f は全射，つまり，全準同型写像となる．よって，準同型定理を用いると，$\mathrm{Ker}(f) = SL(n, \mathbb{R})$ より $GL(n, \mathbb{R})/SL(n, \mathbb{R}) \simeq \mathbb{R}^\times$ という同型が得られる．一般線形群はスカラー量である $\mathbb{R}^\times$ と比べると大きな群であるが，その剰余群は身近な $\mathbb{R}^\times$ と同じ群構造をもつことがわかる．

例 4.107 $n \geq 2$ とする．n 次対称群 S_n から乗法群 $\mathbb{R}^\times$ への写像 f を

$$f : S_n \ni \sigma \longmapsto \mathrm{sgn}(\sigma) \in \mathbb{R}^\times$$

と定める．ここで，sgn は置換の符号である．$\mathrm{sgn}(\sigma\tau) = \mathrm{sgn}(\sigma)\mathrm{sgn}(\tau)$ より f は準同型写像となる．また，命題 4.59 より $\mathrm{Im}(f) = \{\pm 1\}$ であり，$\mathrm{Ker}(f) = \{\sigma \in S_n \mid \mathrm{sgn}(\sigma) = 1\} = A_n$ である．以上より，$\{\pm 1\} \simeq \mathbb{Z}/2\mathbb{Z}$ に注意すれば，準同型定理より $S_n/A_n \simeq \mathbb{Z}/2\mathbb{Z}$ が得られる．例 4.81 では S_3/A_3 が位数 2 の巡回群であることをみたが，$n \geq 2$ ならば S_n/A_n はすべて位数 2 の巡回群となる．

例 4.108 i を虚数単位とし，$\theta \in \mathbb{R}$ に対して $\exp(i\theta) = \cos\theta + i\sin\theta \in \mathbb{C}$ とおき，加法群 $\mathbb{R}$ から乗法群 $\mathbb{C}^\times = \mathbb{C} - \{0\}$ への写像 f を

$$f : \mathbb{R} \ni x \longmapsto \exp(2\pi i x) \in \mathbb{C}^\times$$

と定める．このとき，三角関数の加法定理より f は準同型写像である．ここで，$T = \{\exp(i\theta) \mid \theta \in \mathbb{R}\}$ とおく．この T は複素平面上の単位円，つまり，絶対値が 1 の複素数全体のなす乗法群であり，$\mathrm{Im}(f) = T$ となる．さらに，$\mathrm{Ker}(f) = \{x \in \mathbb{R} \mid \exp(2\pi i x) = 1\} = \mathbb{Z}$ であるので，準同型定理より $\mathbb{R}/\mathbb{Z} \simeq T$ という同型が得られる．

次に，零でない複素数にその絶対値を対応させることによって，乗法群 $\mathbb{C}^\times = \mathbb{C} - \{0\}$ から正の実数のなす乗法群 $\mathbb{R}_{>0}$ への写像

$$g : \mathbb{C}^\times \ni z \longmapsto |z| \in \mathbb{R}_{>0}$$

を定める．このとき，絶対値の性質より g は準同型写像であり，その核は $\mathrm{Ker}(g) = \{z \in \mathbb{C}^\times \mid |z| = 1\} = T$ となる．任意の $r \in \mathbb{R}_{>0}$ について $|r| = r$ より g は全準同型写像であるので，準同型定理より $\mathbb{C}^\times/T \simeq \mathbb{R}_{>0}$ という同型も得られる．

準同型定理を利用すると次にあげる同型定理が導ける．

定理 4.109（第一同型定理） f を群 G から群 G' への全準同型写像，N' を群 G' の正規部分群とし，$N = f^{-1}(N') \subset G$ とおく．このとき，N は G の正規部分群であり，写像

$$g : G/N \ni \bar{a} = aN \longmapsto \overline{f(a)} = f(a)N' \in G'/N'$$

は同型写像となる．すなわち，$G/N \simeq G'/N'$ である．

証明 h を G' から G'/N' への自然な準同型写像とすると，f も h も全準同型であるので，合成写像 $h \circ f$ は G から G'/N' への全準同型であり，その核は

$$\mathrm{Ker}(h \circ f) = (h \circ f)^{-1}(e_{G'/N'}) = f^{-1}(h^{-1}(N')) = f^{-1}(N') = N$$

となる．よって，N は G の正規部分群であり，準同型定理より g は同型となる． □

問 4.110 G を群，N を G の正規部分群，f を G から G/N への自然な準同型写像とする．このとき，G の部分群 H に対して $f(H) = HN/N$ となることを示せ．

定理 4.111（第二同型定理） G を群，H を G の部分群，N を G の正規部分群とする．このとき，HN は G の部分群，$H \cap N$ は H の正規部分群であり，写像

$$f : H/(H \cap N) \ni h(H \cap N) \longmapsto hN \in HN/N$$

は同型写像となる．すなわち，$H/(H \cap N) \simeq HN/N$ である．

証明 任意の $h \in H, n \in N$ に対して，N は G の正規部分群であるので，$hn = hn(h^{-1}h) = (hnh^{-1})h \in NH$ となり $HN \subset NH$ を得る．同様にして $NH \subset HN$ もわかるので，$HN = NH$ を得る．したがって，定理 4.50 より HN は G の部分群である．

ι を H の G への埋め込み写像，g を G から G/N への自然な準同型写像とすると，ともに準同型であるので，合成写像 $g \circ \iota : H \ni h \mapsto hN \in G/N$ も準同型であり，

$$\mathrm{Ker}(g \circ \iota) = (g \circ \iota)^{-1}(e_{G/N}) = \iota^{-1}(g^{-1}(N)) = \iota^{-1}(N) = H \cap N$$

となるので，$H \cap N$ は H の正規部分群である．また，$\mathrm{Im}(g \circ \iota) = g(H) = HN/N$

($\subset G/N$) なので,準同型定理より $H/(H \cap N) \simeq HN/N$ を得る. □

この節の最後に,群とその剰余群における部分群の関係について述べておく.この定理は $\mathbb{Z}$ の剰余群 $\mathbb{Z}/m\mathbb{Z}$ の部分群を調べるときなどに役立つ.

> **定理 4.112** G を群,N を G の正規部分群とし,f を G から G/N への自然な準同型写像とする.このとき,G の N を含む部分群全体の集合 $\mathcal{H}$ と G/N の部分群全体の集合 $\overline{\mathcal{H}}$ の間には次の全単射がある:
>
> $$\sigma: \mathcal{H} \ni H \longmapsto f(H) \in \overline{\mathcal{H}}, \quad \rho: \overline{\mathcal{H}} \ni \overline{H} \longmapsto f^{-1}(\overline{H}) \in \mathcal{H}.$$

[証明] $H \in \mathcal{H}$ および $\overline{H} \in \overline{\mathcal{H}}$ とする.問 4.102 より $f(H)$ は G/N の部分群なので,σ は写像として定まる.同じく問 4.102 より $f^{-1}(\overline{H})$ は G の部分群であり,$e_{G/N} \in \overline{H}$ より $N = f^{-1}(e_{G/N}) \subset f^{-1}(\overline{H})$ となり,$f^{-1}(\overline{H})$ は N を含むので,ρ も写像として定まる.あとは σ と ρ が互いに逆写像であることを示せば定理が得られる.

まず $g \in f^{-1}(f(H))$ とする.$f(g) \in f(H)$ なので,ある $h \in H$ があって $f(g) = f(h)$ となる.つまり,$gN = hN$ であり,$N \subset H$ より $g \in H$ を得る.よって,$f^{-1}(f(H)) \subset H$ である.また,$f(H) = H/N$ の逆像には H が含まれるので,逆向きの包含関係も成り立ち,$f^{-1}(f(H)) = H$ が得られる.したがって,$(\rho \circ \sigma)(H) = f^{-1}(f(H)) = H$ が成り立つ.

次に $\overline{h} \in \overline{H}$ とする.f は全射より,ある $g \in G$ があって $f(g) = \overline{h}$ となる.これより $g \in f^{-1}(\overline{h}) \subset f^{-1}(\overline{H})$ であり,$\overline{h} = f(g) \in f(f^{-1}(\overline{H}))$ を得る.よって,$\overline{H} \subset f(f^{-1}(\overline{H}))$ である.逆向きの包含関係は $g \in f^{-1}(\overline{H})$ ならば $f(g) \in \overline{H}$ であることから直ちに従うので,$f(f^{-1}(\overline{H})) = \overline{H}$ が得られる.したがって,$(\sigma \circ \rho)(\overline{H}) = f(f^{-1}(\overline{H})) = \overline{H}$ が成り立つ. □

問 4.113(第三同型定理) G を群,N と M をともに G の正規部分群とし,$N \subset M$ とする.このとき,M/N は G/N の正規部分群であり,写像

$$f: G/N \ni aN \longmapsto aM \in G/M$$

は全準同型写像であって,$G/M \simeq (G/N)/(M/N)$ が成り立つことを示せ.

問 4.114 G を群とする.G から G 自身への同型写像を G の**自己同型写像**とよび,その全体を $\mathrm{Aut}(G)$ で表す.また $a \in G$ とし,G から G 自身への写像 ι_a を

$$\iota_a : G \ni x \longmapsto axa^{-1} \in G$$

と定め，$\mathrm{Inn}(G) = \{\iota_a \mid a \in G\}$ とおく．このとき，次の問に答えよ．
(1) $\mathrm{Aut}(G)$ は写像の合成を演算として群になることを示せ．
(2) ι_a は G の自己同型写像であることを示せ．
(3) $\mathrm{Inn}(G)$ は $\mathrm{Aut}(G)$ の正規部分群であることを示せ．
(4) $Z(G)$ を G の中心とするとき，$G/Z(G) \simeq \mathrm{Inn}(G)$ となることを示せ．

なお，$\mathrm{Aut}(G)$ を G の**自己同型群**，ι_a を G の a による**内部自己同型写像**，$\mathrm{Inn}(G)$ を G の**内部自己同型群**とよぶ．また，剰余群 $\mathrm{Aut}(G)/\mathrm{Inn}(G)$ を G の**外部自己同型群**とよび，$\mathrm{Out}(G)$ と表す．

4.8 巡回群

本節では巡回群に関する性質について述べる．まず，巡回群は良く知られた群と同型である，ということを示す．

命題 4.115 巡回群は加法群 $\mathbb{Z}$ またはその剰余群と同型である．より詳しく，
(1) G が無限巡回群ならば，$G \simeq \mathbb{Z}$ であり，
(2) G が位数 n の有限巡回群ならば，$G \simeq \mathbb{Z}/n\mathbb{Z}$ である．

証明 群 G を $a \in G$ で生成される巡回群とする．このとき，加法群 $\mathbb{Z}$ から群 G への全準同型写像（例 4.101 参照）

$$f : \mathbb{Z} \ni m \longmapsto a^m \in G = \langle a \rangle$$

に準同型定理を適用すると，$\mathbb{Z}/\mathrm{Ker}(f) \simeq G$ が得られる．よって，G が無限巡回群であれば，例 4.101 で述べた通り $\mathrm{Ker}(f) = \{0\}$ であるので $\mathbb{Z} = \mathbb{Z}/\{0\} \simeq G$ が得られ，G が位数 n の有限巡回群であれば，定理 4.29 より $\mathrm{Ker}(f) = \{nk \mid k \in \mathbb{Z}\} = n\mathbb{Z}$ であるので $\mathbb{Z}/n\mathbb{Z} \simeq G$ が得られる． □

巡回群は可換群であるので，その部分群は正規部分群であり，部分群があれば剰余群も得られる．"巡回"という性質は巡回群においてその部分群や剰余群にも遺伝する性質であることが次の定理よりわかる．

4.8 巡回群

定理 4.116 G を a で生成される巡回群とする．
(1) 巡回群の部分群は巡回群である．より詳しく言えば，H を G の部分群とするとき，H が単位群ならば $H = \langle e \rangle$ であり，H が単位群でなければ，$a^s \in H$ となる最小の自然数 s をとれば，$H = \langle a^s \rangle$ である．
(2) 巡回群の剰余群は巡回群である．より詳しく言えば，G/N を G の部分群 N による剰余群とすれば，$G/N = \langle aN \rangle$ である．

証明 (1) H が単位群ならば $H = \{e\} = \langle e \rangle$ である．H が単位群でないならば，$a^t \in H$ となる $t \in \mathbb{N}$ が存在する．そこで，そのような t のうち最小のものを $s \in \mathbb{N}$ とすれば，$\langle a^s \rangle \subset H$ である．一方，任意の $a^k \in H$ について，整数の除法定理より $k = sq + r, 0 \leq r < s$ となる $q, r \in \mathbb{Z}$ が存在し，$a^r = a^k (a^s)^{-q} \in H$ となる．よって，s の最小性より $r = 0$ であり，$a^k = a^{sq} \in \langle a^s \rangle$ が従う．よって，$H \subset \langle a^s \rangle$ となり，$H = \langle a^s \rangle$ を得る．

(2) G から G/N への自然な準同型写像により G/N の元は $a^i N$ $(i \in \mathbb{Z})$ の形であるので $G/N \subset \langle aN \rangle$ が従う．また，$aN \in G/N$ より逆向きの包含関係も成り立ち，よって，$G/N = \langle aN \rangle$ を得る． □

有限巡回群の各元の位数について次が成り立つ．

定理 4.117 G を a で生成される位数 n の有限巡回群，r を整数，$g = \gcd(n, r)$ とするとき，$\langle a^r \rangle = \langle a^g \rangle$ となる．とくに，a^r の位数は $\frac{n}{g}$ である．

証明 r は g の倍数であるので，$\langle a^r \rangle \subset \langle a^g \rangle$ が成り立つ．また，系 3.17 より $g = nk + rl$ となる $k, l \in \mathbb{Z}$ が存在するので，$a^g = (a^n)^k (a^r)^l = e^k (a^r)^l = (a^r)^l \in \langle a^r \rangle$ となる．つまり，$\langle a^r \rangle \supset \langle a^g \rangle$ である．したがって，$\langle a^r \rangle = \langle a^g \rangle$ を得る．さらに，$(a^g)^s = e$ となる最小の自然数 s は $\frac{n}{g}$ であるので $|\langle a^r \rangle| = |\langle a^g \rangle| = \frac{n}{g}$ となり，a^r の位数は $\frac{n}{g}$ である． □

自然数 $n \geq 2$ に対して，n より小さい自然数のうち n と互いに素なものの個数を $\varphi(n)$ とする：

$$\varphi(n) = \#\{k \in \mathbb{N} \mid k < n,\ \gcd(k, n) = 1\}.$$

$n=1$ については $\varphi(1) = 1$ とおく．この φ を**オイラー関数**（Euler function）という．このとき，定理 4.117 より次の系が得られる．

系 4.118 G を a で生成される位数 n の有限巡回群，r を整数とするとき，

$$a^r が G の生成元 \iff \gcd(n, r) = 1$$

が成り立つ．とくに，G の生成元の個数は $\varphi(n)$ である．

証明 a^r が生成元であることは a^r の位数が n となることと同値であり，定理 4.117 より，このことは $n = \frac{n}{\gcd(n,r)}$ となること，すなわち，$\gcd(n, r) = 1$ と同値である．また，$r \equiv s \pmod{n}$ と $a^r = a^s$ は同値であるので，生成元の個数についての主張も従う． □

例 4.119 $m \geq 2$ を自然数とする．このとき，法 m の剰余群 $\mathbb{Z}/m\mathbb{Z}$ は $\overline{1} = 1 + m\mathbb{Z}$ で生成される位数 m の巡回群である．系 4.118 より，生成元は $\overline{1}$ だけに限らず，m と互いに素な m 以下の自然数 r をとれば，$\overline{r} = r\overline{1}$ が生成元である．たとえば $m = 12$ のときは，$\overline{1}, \overline{5}, \overline{7}, \overline{11}$ の $\varphi(12) = 4$ 個の元が生成元であり，$\mathbb{Z}/12\mathbb{Z} = \langle \overline{1} \rangle = \langle \overline{5} \rangle = \langle \overline{7} \rangle = \langle \overline{11} \rangle$ となる．

次に，巡回群の位数の正の約数とその部分群との関係について述べる．

定理 4.120 G を a で生成される位数 n の有限巡回群とする．このとき，n の任意の正の約数 d に対して位数 d の部分群が唯一つだけ存在する．

証明 $m = \frac{n}{d}$ とおくと，$m \in \mathbb{N}$ であり，$\langle a^m \rangle$ は位数 d の部分群となる．実際，$d = \frac{n}{m}$ は $(a^m)^d = e$ となる最小の自然数である（定理 4.117 からも従う）．とくに，位数 d の部分群が存在する．

次に，H を G の位数 d の部分群とする．$a^s \in H$ となる最小の自然数を s とすれば，定理 4.116 より $H = \langle a^s \rangle$ である．$a^n = e$ なので定理 4.116 の (1) の証明と同様に除法定理を使うと，s の最小性より n は s の倍数であり，$\langle a^s \rangle = \{a^s, (a^s)^2, \ldots, (a^s)^{\frac{n}{s}-1}, (a^s)^{\frac{n}{s}} = e\}$ であるから，$H = \langle a^s \rangle$ の位数は $\frac{n}{s}$ となる．よって，$d = \frac{n}{s}$ であり，$s = m$ を得る．したがって，H は先の $\langle a^m \rangle$

と一致する． □

定理 4.120 より，次の系が得られる．

系 4.121 G を位数 n の有限巡回群とし，$\mathcal{D}$ を n の正の約数全体の集合，$\mathcal{H}$ を G の部分群全体の集合とする．このとき，$\mathcal{D}$ と $\mathcal{H}$ は一対一に対応する．

証明 $d \in \mathcal{D}$ に対して，定理 4.120 より $H \in \mathcal{H}$ が唯一つ決まるので，これより $\mathcal{D}$ から $\mathcal{H}$ への写像 f が定まる．逆に，$H \in \mathcal{H}$ に対して H の位数を d とすれば，ラグランジュの定理より $d \in \mathcal{D}$ をみたすので，これより $\mathcal{H}$ から $\mathcal{D}$ への写像 g が定まる．このとき，f と g は互いに逆写像となるので主張が従う． □

問 4.122 G を位数 n の有限群とする．このとき，n の任意の正の約数 d に対して位数 d の部分群が高々一つしか存在しなければ，G は巡回群であることを示せ．

この他に巡回群であるための必要十分条件を第 5 章の定理 5.15 で述べる．この節で示した定理は，命題 4.115 より，$\mathbb{Z}$ とその剰余群 $\mathbb{Z}/n\mathbb{Z}$ に帰着して示すこともできる．これは演習として読者に残しておこう．

最後に素数位数の群に関する命題を与えておく．

命題 4.123 位数が素数の群は巡回群である．

証明 G を群とし，その位数を素数 p とする．$|G| \geq 2$ より $a \neq e$ となる $a \in G$ が存在する．このとき，ラグランジュの定理より a で生成される巡回部分群 $\langle a \rangle$ の位数は p の約数である．いま $a \neq e$ より $|\langle a \rangle| = p$ となるので，$G = \langle a \rangle$ を得る．つまり，G は a で生成される巡回群である． □

問 4.124 G を群，$a, b \in G$ は $ab = ba$ をみたす有限位数の元で，それぞれの位数を m, n とし，$g = \gcd(m, n)$, $l = \mathrm{lcm}(m, n)$ とする．
(1) m と n が互いに素ならば，ab の位数は $l = mn$ であることを示せ．
(2) ab の位数が g の倍数ならば，ab の位数は $l = \frac{mn}{g}$ であることを示せ．

4.9 群の直積

2 つの群 G_1, G_2 に対し，直積集合

$$G_1 \times G_2 = \{(a_1, a_2) \mid a_1 \in G_1, \, a_2 \in G_2\}$$

の演算を

$$(a_1, a_2) \cdot (b_1, b_2) = (a_1 b_1, a_2 b_2) \qquad (a_1, b_1 \in G_1, \, a_2, b_2 \in G_2)$$

により定める．ここで，$a_1 b_1$ は G_1 における積であり，$a_2 b_2$ は G_2 における積である．このとき，容易に確かめられるように，$G_1 \times G_2$ は上で定めた演算に関して群となる．この群を G_1 と G_2 の**直積**（外部直積）という．群 $G_1 \times G_2$ の単位元は G_1 の単位元 e_1 と G_2 の単位元 e_2 の対 (e_1, e_2) であり，$(a_1, a_2) \in G_1 \times G_2$ の逆元は (a_1^{-1}, a_2^{-1}) である．3 個以上の群 $G_1, G_2, \ldots, G_r$ の（外部）直積 $G_1 \times G_2 \times \cdots \times G_r$ も同様に定義できる．

命題 4.125 群 $G_1, G_2, \ldots, G_r$ の外部直積 $G_1 \times G_2 \times \cdots \times G_r$ を G とおく．また，各 i に対し，G_i の部分群 H_i が与えられているとし，外部直積 $H_1 \times H_2 \times \cdots \times H_r$ を H とおく．このとき

(1) H は G の部分群である．

(2) 任意の i に対して H_i が G_i の正規部分群ならば，H は G の正規部分群である．また，そのとき G/H は $(G_1/H_1) \times (G_2/H_2) \times \cdots \times (G_r/H_r)$ に同型である．

証明 (1) 外部直積の定義より直ちに従う．

(2) 前者の主張は，$a = (a_1, a_2, \ldots, a_r) \in H$ と $b = (b_1, b_2, \ldots, b_r) \in G$ に対して

$$bab^{-1} = (b_1 a_1 b_1^{-1}, b_2 a_2 b_2^{-1}, \ldots, b_r a_r b_r^{-1}) \in H$$

が成り立つことによる．また，写像

$$f : G \longrightarrow (G_1/H_1) \times (G_2/H_2) \times \cdots \times (G_r/H_r)$$

を $f(a_1, a_2, \ldots, a_r) = (a_1 H_1, a_2 H_2, \ldots, a_r H_r)$ により定めると，f は群の全準同型で，$\mathrm{Ker}(f) = H_1 \times H_2 \times \cdots \times H_r = H$ となるから，準同型定理により後者の主張を得る． □

群 $G_1, G_2, \ldots, G_r$ の（外部）直積 $G_1 \times G_2 \times \cdots \times G_r$ を G とおくとき，各

i に対し，写像
$$\pi_i : G \ni (a_1, a_2, \ldots, a_r) \longmapsto a_i \in G_i$$
は群の全準同型である．また，写像
$$\iota_i : G_i \ni a_i \longmapsto (e_1, \ldots, e_{i-1}, a_i, e_{i+1}, \ldots, e_r) \in G$$
は群の単準同型である．

命題 4.126 ι_i によって G_i を $G = G_1 \times G_2 \times \cdots \times G_r$ の部分群 $\iota_i(G_i)$ と同一視するとき
(1) 任意の $a_i \in G_i$ と $a_j \in G_j$ $(i \neq j)$ に対して $a_i a_j = a_j a_i$.
(2) G_i は G の正規部分群である．

証明 (1) $1 \le i < j \le r$ とすると，$a_i, a_j \in G$ とはそれぞれ
$$\iota_i(a_i) = (e_1, \ldots, e_{i-1}, a_i, e_{i+1}, \ldots, e_r),$$
$$\iota_j(a_j) = (e_1, \ldots, e_{j-1}, a_j, e_{j+1}, \ldots, e_r)$$
に他ならないから，$\iota_i(a_i)\iota_j(a_j)$ と $\iota_j(a_j)\iota_i(a_i)$ はいずれも
$$(e_1, \ldots, e_{i-1}, a_i, e_{i+1}, \ldots, e_{j-1}, a_j, e_{j+1}, \ldots, e_r)$$
に一致する．

(2) $\iota_i(G_i) = \{e_1\} \times \cdots \times \{e_{i-1}\} \times G_i \times \{e_{i+1}\} \times \cdots \times \{e_r\}$ であるから，命題 4.125 の (2) より主張は直ちに従う． $\square$

内部直積と直積分解

群 G の部分群 $H_1, H_2, \ldots, H_r$ に対し，外部直積 $H_1 \times H_2 \times \cdots \times H_r$ から G への写像 μ を
$$\mu : (a_1, a_2, \ldots, a_r) \longmapsto a_1 a_2 \cdots a_r \qquad (a_i \in H_i)$$
により定めることができる．いま μ が準同型であるとすると，任意の $a_1 \in H_1$ と $a_2 \in H_2$ に対して
$$(a_1, e, e, \ldots, e)(e, a_2, e, \ldots, e) = (e, a_2, e, \ldots, e)(a_1, e, e, \ldots, e)$$

より

$$\mu(a_1,e,e,\ldots,e)\,\mu(e,a_2,e,\ldots,e) = \mu(e,a_2,e,\ldots,e)\,\mu(a_1,e,e,\ldots,e),$$

すなわち $a_1a_2 = a_2a_1$ が成り立つ．同様にして，任意の $a_i \in H_i$ と $a_j \in H_j$ ($i \neq j$) に対して $a_ia_j = a_ja_i$ が成り立つこともわかる．つまり，μ が準同型であるならば，相異なる H_i, H_j の元は交換可能である．逆に，相異なる H_i, H_j の元が交換可能であるならば，任意の $a_i, b_i \in H_i$ ($i=1,2,\ldots,r$) に対して

$$(a_1a_2\cdots a_r)(b_1b_2\cdots b_r) = (a_1b_1)(a_2b_2)\cdots(a_rb_r),$$

すなわち

$$\mu(a_1,a_2,\ldots,a_r)\,\mu(b_1,b_2,\ldots,b_r) = \mu(a_1b_1,a_2b_2,\ldots,a_rb_r)$$

が成り立つから，μ は準同型である．

写像 μ が準同型であるとき，$\mathrm{Im}(\mu) = H_1H_2\cdots H_r$ は G の部分群である．いま $(a_1,a_2,\ldots,a_r) \in \mathrm{Ker}(\mu)$ とする．このとき，$a_1a_2\cdots a_r = e$ より

$$a_2\cdots a_r = a_1^{-1} \in H_1 \cap (H_2\cdots H_r)$$

が成り立つ．したがって $a_1 \neq e$ であれば $H_1 \cap (H_2\cdots H_r) \neq \{e\}$ となる．同様に，相異なる H_i, H_j の元が交換可能であることに注意すると，$a_i \neq e$ であれば $H_i \cap (H_1\cdots H_{i-1}H_{i+1}\cdots H_r) \neq \{e\}$ となることもわかる．逆に，たとえば $a = a_2\cdots a_r \in H_1 \cap (H_2\cdots H_r)$ ($a_i \in H_i$) とすると $(a^{-1}, a_2, \ldots, a_r) \in \mathrm{Ker}(\mu)$ となる．よって，$\mathrm{Ker}(\mu) = \{(e,e,\ldots,e)\}$ であるためには，任意の i に対して $H_i \cap (H_1\cdots H_{i-1}H_{i+1}\cdots H_r) = \{e\}$ が成り立つことが必要かつ十分である．以上より

定理 4.127 群 G の部分群 $H_1, H_2, \ldots, H_r$ が条件
(a) 任意の $a_i \in H_i$ と $a_j \in H_j$ ($i \neq j$) に対して $a_ia_j = a_ja_i$,
(b) 任意の i に対して $H_i \cap (H_1\cdots H_{i-1}H_{i+1}\cdots H_r) = \{e\}$
を共にみたすとき，写像

$$H_1 \times H_2 \times \cdots \times H_r \ni (a_1, a_2, \ldots, a_r) \longmapsto a_1a_2\cdots a_r \in H_1H_2\cdots H_r$$

は群の同型である．逆に，上の写像が群の同型であれば，条件 (a), (b) が成

り立つ．

上の定理の条件がみたされているとき，G の部分群 $H_1H_2\cdots H_r$ を $H_1, H_2, \ldots, H_r$ の**直積**(内部直積)という．また，$H_1H_2\cdots H_r$ は $H_1, H_2, \ldots, H_r$ の直積に**分解**されたといい，そのことを

$$H_1H_2\cdots H_r = H_1 \times H_2 \times \cdots \times H_r$$

と表す．なお，定理の条件 (a) が成り立っているとき，各 H_i は $H_1H_2\cdots H_r$ の正規部分群である．

系 4.128 群 G の部分群 H_1, H_2 が条件
 (a) 任意の $a_1 \in H_1$ と $a_2 \in H_2$ に対して $a_1a_2 = a_2a_1$，
 (b) $H_1 \cap H_2 = \{e\}$
を共にみたすとき，$H_1H_2 = H_1 \times H_2$ が成り立つ．

群 G がいくつかの部分群の直積に分解できるとき，すなわち定理の条件 (a)，(b) ならびに $H_1H_2\cdots H_r = G$ をみたす（正規）部分群 $H_1, H_2, \ldots, H_r$ が存在するときには，G の元は $H_1, H_2, \ldots, H_r$ の元の積として一意的に表すことができる．また，各 H_i の性質を組み合わせることにより G の性質を調べることができる．

例題 4.129

n_1, n_2 を互いに素な正の整数とし，位数 n_1n_2 のアーベル群 G が位数 n_1 の部分群 H_1 と位数 n_2 の部分群 H_2 をもったとする（実際には常にもつことが示せる）．このとき G は $G = H_1 \times H_2$ と分解できることを示せ．

[解答] G はアーベル群なので，系の条件 (a) は明らかに成り立っている．また，$H_1 \cap H_2$ は H_1 の部分群であるから，ラグランジェの定理より $|H_1 \cap H_2|$ は $|H_1| = n_1$ の約数である．同様に，$|H_1 \cap H_2|$ は $|H_2| = n_2$ の約数である．つまり $|H_1 \cap H_2|$ は n_1 と n_2 の公約数である．したがって，$\gcd(n_1, n_2) = 1$ より $|H_1 \cap H_2| = 1$，すなわち $H_1 \cap H_2 = \{e\}$ となり条件 (b) が成り立つ．さらに，H_1, H_2 はいずれも H_1H_2 の部分群であるから，$|H_1H_2|$ は n_1 と n_2

の公倍数である．したがって，再び $\gcd(n_1, n_2) = 1$ より $|H_1 H_2|$ は $n_1 n_2$ の倍数となるが，$H_1 H_2 \subset G$ と $|G| = n_1 n_2$ より $H_1 H_2 = G$ でなければならない．以上より $G = H_1 H_2 = H_1 \times H_2$． □

例 4.130 加法群 $G = \mathbb{Z}/6\mathbb{Z} = \{\bar{0}, \bar{1}, \bar{2}, \bar{3}, \bar{4}, \bar{5}\}$（ただし $\bar{a} = a + 6\mathbb{Z}$）において，$H_1 = \{\bar{0}, \bar{3}\}$，$H_2 = \{\bar{0}, \bar{2}, \bar{4}\}$ は上の例題の条件をみたすから，G は $G = H_1 \times H_2$ と分解される．つまり，G の任意の元は H_1 の元と H_2 の元の和として一意的に表すことができる．

$$\bar{0} = \bar{0} + \bar{0}, \quad \bar{1} = \bar{3} + \bar{4}, \quad \bar{2} = \bar{0} + \bar{2}, \quad \bar{3} = \bar{3} + \bar{0}, \quad \bar{4} = \bar{0} + \bar{4}, \quad \bar{5} = \bar{3} + \bar{2}.$$

なお，写像

$$f_1 : \mathbb{Z}/2\mathbb{Z} \ni a + 2\mathbb{Z} \longmapsto 3a + 6\mathbb{Z} \in H_1,$$
$$f_2 : \mathbb{Z}/3\mathbb{Z} \ni b + 3\mathbb{Z} \longmapsto 2b + 6\mathbb{Z} \in H_2$$

は共に群の同型であるから，G は外部直積 $(\mathbb{Z}/2\mathbb{Z}) \times (\mathbb{Z}/3\mathbb{Z})$ に同型でもある．

問 4.131 乗法群 $\mathbb{C}^\times = \mathbb{C} - \{0\}$ は，正の実数の全体 $\mathbb{R}_{>0}$ と絶対値 1 の複素数の全体 $T = \{z \in \mathbb{C} \mid |z| = 1\}$ との直積に分解されることを示せ．

■■演習問題■■■■■■■■■■■■■■■■■■■■■■■■■■■

◆**演習 1** 群 G の任意の元 $a \in G$ について $a^2 = e$ が成り立てば，G は可換群であることを示せ．

◆**演習 2** 位数 8 の二面体群 D_4 の部分群および正規部分群をすべて求めよ．

◆**演習 3** 4 次対称群 S_4 の各元を巡回置換の積で表せ．また，各元の位数を求めよ．

◆**演習 4** G を群，H を G の部分群とし，$a \in G$ とするとき，aHa^{-1} は G の部分群であることを示せ．ここで，$aHa^{-1} = \{aha^{-1} \mid h \in H\}$ であり，これを H の a に関する**共役部分群**という．

◆**演習 5** n 次直交行列全体の集合 $O(n) = \{A \in M_n(\mathbb{R}) \mid {}^t A A = A \, {}^t A = E\}$ は一般線形群 $GL(n, \mathbb{R})$ の部分群であることを示せ．ここで，${}^t A$ は A の転置行列であり，$O(n)$ を n 次**直交群**とよぶ．

◆**演習 6** 群 G の部分群 N について $[G : N] = 2$ が成り立てば，N は G の正規部分群であることを示せ．

◆**演習 7** 加法群 $\mathbb{R}$ は $\mathbb{R}$ 以外の有限指数の部分群をもたないことを示せ．

◆**演習 8** 位数 4 の群は $\mathbb{Z}/4\mathbb{Z}$ か $(\mathbb{Z}/2\mathbb{Z}) \times (\mathbb{Z}/2\mathbb{Z})$ のいずれかと同型であることを示せ．

演習問題

◆**演習 9** 位数 8 の二面体群 D_4 と四元数群（問 4.31 参照）は同型でないことを示せ．

◆**演習 10** 加法群 $\mathbb{Z}$ と $\mathbb{Q}$ について，その自己同型群 $\mathrm{Aut}(\mathbb{Z})$ と $\mathrm{Aut}(\mathbb{Q})$ を求めよ．

◆**演習 11** $\mathbb{Q}/\mathbb{Z}$ の元はすべて有限位数であることを示せ．

◆**演習 12** 有限可換群 $G = \langle a, b \rangle$ において．a と b の位数をそれぞれ m と n とし，m と n の最小公倍数を l とするとき，G は位数 l の元をもつことを示せ．

◆**演習 13** G を群とする．$a, b \in G$ に対して

$$[a, b] = aba^{-1}b^{-1}$$

とおき，a と b の**交換子**とよぶ．また，G の元の交換子全体で生成される G の部分群を**交換子群**といい，$D(G)$ で表す．このとき次を示せ．

(1) $a, b, c \in G$ について次が成り立つ．
  (i) $[a, b] = e \iff ab = ba$
  (ii) $[a, b]^{-1} = [b, a]$
  (iii) $c[a, b]c^{-1} = [cac^{-1}, cbc^{-1}]$

(2) G が可換群であることと $D(G)$ が単位群であることは同値である．

◆**演習 14** G を群，H を G の部分群とするとき，次は同値であることを示せ．

(1) 交換子群 $D(G)$ について $D(G) \subset H$ である．

(2) H は G の正規部分群であり，かつ，剰余群 G/H は可換群である．

◆**演習 15** n 次対称群 S_n と n 次交代群 A_n の交換子群 $D(S_n)$ と $D(A_n)$ について次が成り立つことを示せ．

(1) $D(S_n) = A_n$ である．

(2) $n \geq 5$ ならば $D(A_n) = A_n$ である．

◆**演習 16** 4 次対称群 S_4 において

$$V = \{\,\mathrm{id}, (1\ 2)(3\ 4), (1\ 3)(2\ 4), (1\ 4)(2\ 3)\,\}$$

とおくとき，次が成り立つことを示せ．

(1) V は $(1\ 2)(3\ 4)$ と $(1\ 3)(2\ 4)$ によって生成される S_4 の部分群である．

(2) V はクラインの四元群（問 4.30 参照）と同型である．よって，$V \simeq (\mathbb{Z}/2\mathbb{Z}) \times (\mathbb{Z}/2\mathbb{Z})$ であり，とくに可換群となる．

(3) V は S_4 の正規部分群である．

(4) 交換子群 $D(A_4)$ と $D(V)$ について $D(A_4) = V$ かつ $D(V) = \{\,\mathrm{id}\,\}$ となる．

第5章

アーベル群

本章では，対象を可換な群に限定し，有限個の元で生成されるアーベル群の構造について述べる．準同型定理を用いれば，n 個の元で生成されるアーベル群は $\mathbb{Z}^n$ の剰余群と同型になることが示される．そのため，まずは $\mathbb{Z}^n$ の部分群や剰余群について考察し，その後に一般の（有限生成）アーベル群を扱う．最後に，有限アーベル群の指標群にも触れる．

5.1　$\mathbb{Z}^n$ の部分群

成分がすべて整数であるような n 次の数ベクトル（列ベクトル）全体のなす集合

$$\mathbb{Z}^n = \left\{ \boldsymbol{x} = \begin{pmatrix} x_1 \\ x_2 \\ \vdots \\ x_n \end{pmatrix} \;\middle|\; x_1, x_2, \ldots, x_n \in \mathbb{Z} \right\}$$

は，ベクトルの加法に関してアーベル群をなす．本節では，この群の部分群や剰余群の構造について考察する．以下で述べる話は，3.1 節の高次元化であり，また線形代数学の離散化と見なすこともできる．

定理 5.1　M を $\mathbb{Z}^n$ の $\{\boldsymbol{0}\}$ でない部分群とすると，1 次独立なベクトル $\boldsymbol{a}_1, \boldsymbol{a}_2, \ldots, \boldsymbol{a}_s \in M$ $(s \leq n)$ で

$$M = \langle \boldsymbol{a}_1, \boldsymbol{a}_2, \ldots, \boldsymbol{a}_s \rangle$$

をみたすものが存在する．ここで $\langle \boldsymbol{a}_1, \boldsymbol{a}_2, \ldots, \boldsymbol{a}_s \rangle$ は $\boldsymbol{a}_1, \boldsymbol{a}_2, \ldots, \boldsymbol{a}_s$ が生成する $\mathbb{Z}^n$ の部分群を表す．

証明 n に関する数学的帰納法により示す．$n=1$ の場合はすでに定理 3.11 で示してあるから，$n \geq 2$ とする．

まず
$$M_0 := \{\, \boldsymbol{x} = (x_j) \in M \mid x_n = 0 \,\}, \quad N := \left\{\, \boldsymbol{y} \in \mathbb{Z}^{n-1} \,\middle|\, \begin{pmatrix} \boldsymbol{y} \\ 0 \end{pmatrix} \in M_0 \,\right\}$$
とおく．M_0 は M の部分群であり，N は $\mathbb{Z}^{n-1}$ の部分群である．

以下しばらく $M_0 \neq \{\boldsymbol{0}\}$ とする．このことは $N \neq \{\boldsymbol{0}\}$ と同値であるから，帰納法の仮定により，1 次独立なベクトル $\boldsymbol{b}_1, \boldsymbol{b}_2, \ldots, \boldsymbol{b}_t \in N$ $(t \leq n-1)$ で
$$N = \langle \boldsymbol{b}_1, \boldsymbol{b}_2, \ldots, \boldsymbol{b}_t \rangle$$
をみたすものが存在する．したがって
$$\boldsymbol{a}_1 := \begin{pmatrix} \boldsymbol{b}_1 \\ 0 \end{pmatrix}, \ \boldsymbol{a}_2 := \begin{pmatrix} \boldsymbol{b}_2 \\ 0 \end{pmatrix}, \ \ldots, \ \boldsymbol{a}_t := \begin{pmatrix} \boldsymbol{b}_t \\ 0 \end{pmatrix}$$
とおくと，これらのベクトルは 1 次独立で，
$$M_0 = \langle \boldsymbol{a}_1, \boldsymbol{a}_2, \ldots, \boldsymbol{a}_t \rangle$$
が成り立つ．

いま $M_0 \neq M$ とすると，$\boldsymbol{x} = (x_j) \in M$ で $x_n \neq 0$ をみたすものが存在する．そのような $\boldsymbol{x}$ のうち $|x_n|$ が最小であるようなものを（一つ）とり，それを $\boldsymbol{a}_{t+1} = (a_j)$ とおく．このとき $\boldsymbol{a}_1, \boldsymbol{a}_2, \ldots, \boldsymbol{a}_t, \boldsymbol{a}_{t+1}$ は 1 次独立である．さらに，以下で示すように
$$M = \langle \boldsymbol{a}_1, \boldsymbol{a}_2, \ldots, \boldsymbol{a}_t, \boldsymbol{a}_{t+1} \rangle$$
が成り立つ．

$\boldsymbol{x} = (x_j) \in M$ を任意にとり，x_n を a_n で割った商，余りをそれぞれ q, r とおく．このとき $\boldsymbol{x} - q\boldsymbol{a}_{t+1} \in M$ の第 n 成分は $x_n - qa_n = r$ となるから，$\boldsymbol{a}_{t+1}$ の選び方と $0 \leq r < |a_n|$ より $r = 0$ でなければならない．したがって $\boldsymbol{x} - q\boldsymbol{a}_{t+1}$ は M_0 に属し，これより $\boldsymbol{x} \in \langle \boldsymbol{a}_1, \boldsymbol{a}_2, \ldots, \boldsymbol{a}_t, \boldsymbol{a}_{t+1} \rangle$ がわかる．これで $M \subset \langle \boldsymbol{a}_1, \boldsymbol{a}_2, \ldots, \boldsymbol{a}_t, \boldsymbol{a}_{t+1} \rangle$ が示せた．逆向きの包含関係は明らかに成り立つから，$M = \langle \boldsymbol{a}_1, \boldsymbol{a}_2, \ldots, \boldsymbol{a}_t, \boldsymbol{a}_{t+1} \rangle$ が得られた．

以上で，$M_0 \neq \{\mathbf{0}\}$ かつ $M_0 \neq M$ という仮定の下で，n の場合の主張が示せたことになる．M_0 が $\{\mathbf{0}\}$ や M に一致するときには，上の議論の一部が省略できて，同様の結論が得られる． □

上の定理から，$\mathbb{Z}^n$ の部分群 $M \neq \{\mathbf{0}\}$ はある $s \leq n$ に対して $\mathbb{Z}^s$ と同型となることがわかる（s が M から一意的に定まることは定理 5.14 で示す）．剰余群 $\mathbb{Z}^n/M$ の構造を知るためには，より精密な次の定理が必要になる．

> **定理 5.2** M を $\mathbb{Z}^n$ の $\{\mathbf{0}\}$ でない部分群とすると，1 次独立なベクトル $\boldsymbol{u}_1, \boldsymbol{u}_2, \ldots, \boldsymbol{u}_n \in \mathbb{Z}^n$ と $a_1, a_2, \ldots, a_s \in \mathbb{Z}_{>0}$ $(s \leq n)$ で
> $$\mathbb{Z}^n = \langle \boldsymbol{u}_1, \boldsymbol{u}_2, \ldots, \boldsymbol{u}_n \rangle, \qquad M = \langle a_1\boldsymbol{u}_1, a_2\boldsymbol{u}_2, \ldots, a_s\boldsymbol{u}_s \rangle$$
> ならびに
> $$a_1 \mid a_2 \mid \cdots \mid a_s$$
> をみたすものが存在する．

行列の基本変形と単因子

定理 5.2 を証明するために，整数を成分とする行列の基本変形という概念を導入する．以下，本節の終わりまで，行列は整数を成分とするものだけを考える．したがって，（正方）行列が正則であるとは，逆行列が存在するだけでなく，逆行列の成分がすべて整数であることも意味する（この条件は行列式が ± 1 であることと同値である）．また，行列 A のすべての成分の最大公約数を $\gcd(A)$ で表す．

問 5.3 (1) 積 AB が定義できるならば，$\gcd(AB)$ は $\gcd(A)$ と $\gcd(B)$ の積で割り切れることを示せ．
(2) P, Q を正則な行列とするとき，$\gcd(QAP) = \gcd(A)$ が成り立つことを示せ．

行列に

　　　2 つの行（列）を入れ換える，
　　　ある行（列）を -1 倍する，
　　　ある行（列）に他の行（列）の整数倍を加える

という操作を施すことを**基本変形**という．また，単位行列に基本変形を施して

得られる行列

$$S_{ij} := \begin{pmatrix} 1 & \ddots & & & & 0 \\ & \ddots & 0 & \ldots & 1 & \\ & & \vdots & \ddots & \vdots & \\ & & 1 & \ldots & 0 & \ddots \\ 0 & & & & & 1 \end{pmatrix} \begin{matrix} < i \\ \\ < j \end{matrix} \quad (i \neq j),$$

$$T_i := \begin{pmatrix} 1 & \ddots & & & & 0 \\ & & 1 & & & \\ & & & -1 & & \\ & & & & 1 & \ddots \\ 0 & & & & & 1 \end{pmatrix} < i,$$

$$U_{ij}(a) := \begin{pmatrix} 1 & \ddots & & & & 0 \\ & & 1 & \ldots & a & \\ & & & \ddots & \vdots & \\ & & & & 1 & \ddots \\ 0 & & & & & 1 \end{pmatrix} \begin{matrix} < i \\ \\ < j \end{matrix} \quad (i \neq j,\ a \in \mathbb{Z})$$

を**基本行列**という．容易に確かめられるように，基本変形とは基本行列を左（右）から掛ける操作に他ならない．

問 5.4 基本行列は正則で，それらの逆行列は

$$S_{ij}^{-1} = S_{ij}, \qquad T_i^{-1} = T_i, \qquad U_{ij}(a)^{-1} = U_{ij}(-a)$$

となっていることを確かめよ．

補題 5.5 任意の行列 A は，基本変形を繰り返すことによって

$$\begin{pmatrix} a & 0 & \ldots & 0 \\ \hline 0 & & & \\ \vdots & & A' & \\ 0 & & & \end{pmatrix}$$

という形に変形できる．ただし $a := \gcd(A)$ で，A' は $a \mid \gcd(A')$ をみたす行列である．

証明 A が零行列のときには主張は自明なので，$A \neq O$ とする．このとき，

A に基本変形を繰り返して得られる行列の成分のうち正で最小のものを a^* とすると, A は

$$A^* = \begin{pmatrix} a^* & a_{12}^* & a_{13}^* & \cdots \\ a_{21}^* & a_{22}^* & a_{23}^* & \cdots \\ a_{31}^* & a_{32}^* & a_{33}^* & \cdots \\ \multicolumn{4}{c}{\dotfill} \end{pmatrix}$$

と $(1,1)$ 成分が a^* となるように変形できる.

いま $j \geq 2$ とし, a_{1j}^* を a^* で割った商, 余りをそれぞれ q_j, r_j とおく. A^* に

第 j 列から第 1 列の q_j 倍を引く

という基本変形を施すと, 変形後の行列の $(1, j)$ 成分は $a_{1j}^* - q_j a^* = r_j$ となるから, a^* の選び方と $0 \leq r_j < a^*$ より $r_j = 0$ でなければならない. つまり, 上の基本変形によって $(1, j)$ 成分が 0 にできる. これらの操作に続いて行に関して同様の基本変形を行えば, $(i, 1)$ 成分 $(i \geq 2)$ も 0 にすることができて,

$$A^{**} = \left(\begin{array}{c|ccc} a^* & 0 & 0 & \cdots \\ \hline 0 & a_{22}' & a_{23}' & \cdots \\ 0 & a_{32}' & a_{33}' & \cdots \\ \vdots & \multicolumn{3}{c}{\dotfill} \end{array}\right)$$

という形の行列が得られる. ここで, $i \geq 2$ とすると, A^{**} は

$$\left(\begin{array}{c|ccc} a^* & a_{i2}' & a_{i3}' & \cdots \\ \hline 0 & a_{22}' & a_{23}' & \cdots \\ 0 & a_{32}' & a_{33}' & \cdots \\ \vdots & \multicolumn{3}{c}{\dotfill} \end{array}\right)$$

という形にも変形できるから, 上と同様の議論により a_{ij}' は a^* で割り切れることがわかる. つまり a^* は A^{**} のすべての成分を割り切ることになり, これより $\gcd(A^{**}) = a^*$ がわかる. 他方, 問 5.3 と問 5.4 より $\gcd(A^{**}) = \gcd(A^*) = \gcd(A)$ がわかるから, $a^* = a$ が得られる. □

行列 A に補題 5.5 を適用して

$$\left(\begin{array}{c|ccc} a_1 & 0 & \cdots & 0 \\ \hline 0 & & & \\ \vdots & & A_1 & \\ 0 & & & \end{array}\right)$$

$(a_1 = \gcd(A), a_1 \mid \gcd(A_1))$ という形に変形し，$A_1 \neq O$ の場合には A_1 に再び補題 5.5 を適用すれば，A は

$$\begin{pmatrix} a_1 & 0 & 0 & \ldots & 0 \\ \hline 0 & a_2 & 0 & \ldots & 0 \\ \hline 0 & 0 & & & \\ \vdots & \vdots & & A_2 & \\ 0 & 0 & & & \end{pmatrix}$$

$(a_2 = \gcd(A_1), a_2 \mid \gcd(A_2))$ という形に変形できる．以下，同様の操作を繰り返すことにより，次の定理が得られる．

定理 5.6 任意の行列 A は，基本変形を繰り返すことによって

$$\begin{pmatrix} a_1 & & & & 0 \\ & a_2 & & & \\ & & \ddots & & \\ 0 & & & a_s & \end{pmatrix}$$

$(a_1, a_2, \ldots, a_s \in \mathbb{Z}_{>0}, a_1 \mid a_2 \mid \cdots \mid a_s)$ という形に変形できる．

注意 5.7 上の定理の $a_1, a_2, \ldots, a_s$ を行列 A の**単因子**という．すでに述べたように $a_1 = \gcd(A)$ で，また $s = \mathrm{rank}(A)$ である．さらに，各 k $(1 \leq k \leq s)$ に対し，$a_1 a_2 \cdots a_k$ は A の k 次小行列式全体の最大公約数に一致することが示せる．

---**例題 5.8**---

行列
$$A = \begin{pmatrix} 12 & 16 & 36 & 60 \\ 10 & 14 & 30 & 50 \\ 20 & 24 & 72 & 40 \end{pmatrix}$$
に基本変形を繰り返して，定理 5.6 の形に変形せよ．

解答 A の成分はすべて偶数で，12 と 10 を成分にもつことより $\gcd(A) = 2$ がわかる．A の第 1 行から第 2 行を引けば

$$\begin{pmatrix} 2 & 2 & 6 & 10 \\ 10 & 14 & 30 & 50 \\ 20 & 24 & 72 & 40 \end{pmatrix}$$

と $(1,1)$ 成分に 2 が現れるから，$(1,1)$ 成分を要として列を掃き出し，続けて行も掃き出せば

$$\begin{pmatrix} 2 & 0 & 0 & 0 \\ 0 & 4 & 0 & 0 \\ 0 & 4 & 12 & -60 \end{pmatrix}$$

となる．このとき，右下に現れた $(2,3)$ 型行列

$$A_1 := \begin{pmatrix} 4 & 0 & 0 \\ 4 & 12 & -60 \end{pmatrix}$$

は $\gcd(A_1) = 4$ をみたすから，$(1,1)$ 成分を要として列を掃き出せば

$$\begin{pmatrix} 4 & 0 & 0 \\ 0 & 12 & -60 \end{pmatrix}$$

となる．最後に，$(1,2)$ 型行列

$$A_2 := \begin{pmatrix} 12 & -60 \end{pmatrix}$$

は $\gcd(A_2) = 12$ をみたすから，$(1,1)$ 成分を要として行を掃き出せば

$$\begin{pmatrix} 12 & 0 \end{pmatrix}$$

となる．以上より，A は

$$\begin{pmatrix} 2 & 0 & 0 & 0 \\ 0 & 4 & 0 & 0 \\ 0 & 0 & 12 & 0 \end{pmatrix}$$

と変形されることがわかる． □

定理 5.2 の証明 まず定理 5.1 より，$\boldsymbol{a}_1, \boldsymbol{a}_2, \ldots, \boldsymbol{a}_t \in M$ で

$$M = \langle \boldsymbol{a}_1, \boldsymbol{a}_2, \ldots, \boldsymbol{a}_t \rangle$$

をみたすものがとれる．次に行列 $A := \begin{pmatrix} \boldsymbol{a}_1 & \boldsymbol{a}_2 & \ldots & \boldsymbol{a}_t \end{pmatrix}$ に定理 5.6 を適用すると，t 次の正則行列 P，n 次の正則行列 Q ならびに $a_1, a_2, \ldots, a_s \in \mathbb{Z}_{>0}$ で

$$QAP = \begin{pmatrix} a_1 & & & 0 \\ & a_2 & & \\ & & \ddots & \\ 0 & & & a_s \end{pmatrix}, \quad a_1 \mid a_2 \mid \cdots \mid a_s$$

をみたすものの存在がわかる．いま $u_1, u_2, \ldots, u_n \in \mathbb{Z}^n$ と $b_1, b_2, \ldots, b_t \in \mathbb{Z}^n$ をそれぞれ

$$Q^{-1} = (u_1 \ u_2 \ \ldots \ u_n), \qquad AP = (b_1 \ b_2 \ \ldots \ b_t)$$

により定める．このとき，Q^{-1} が正則であることより $u_1, u_2, \ldots, u_n$ は 1 次独立で，

$$\mathbb{Z}^n = \langle u_1, u_2, \ldots, u_n \rangle.$$

また P が正則であることより

$$M = \langle a_1, a_2, \ldots, a_t \rangle = \langle b_1, b_2, \ldots, b_t \rangle.$$

さらに

$$(b_1 \ b_2 \ \ldots \ b_t) = (u_1 \ u_2 \ \ldots \ u_n) \begin{pmatrix} a_1 & & & & 0 \\ & a_2 & & & \\ & & \ddots & & \\ 0 & & & a_s & \end{pmatrix}$$

より

$$b_1 = a_1 u_1, \ \ b_2 = a_2 u_2, \ \ \ldots, \ \ b_s = a_s u_s, \ \ b_j = 0 \ \ (j > s).$$

したがって

$$M = \langle a_1 u_1, a_2 u_2, \ldots, a_s u_s \rangle$$

となり主張を得る． □

注意 5.9 上に述べた定理 5.2 の証明において，$a_1, a_2, \ldots, a_t$ は 1 次従属であっても構わない．また $t \leq n$ である必要もない．$a_1, a_2, \ldots, a_t$ を 1 次独立であるようにとった場合には，$t = \mathrm{rank}(A) = s$ となっている．

$\mathbb{Z}^n$ の剰余群

$\mathbb{Z}^n$ の部分群による剰余群の構造は，定理 5.2 と次の補題から直ちにわかる．

補題 5.10 1 次独立なベクトル $u_1, u_2, \ldots, u_n \in \mathbb{Z}^n$ が

$$\mathbb{Z}^n = \langle u_1, u_2, \ldots, u_n \rangle$$

をみたすとき，$m_1, m_2, \ldots, m_s \in \mathbb{Z}_{>0} \ (s \leq n)$ に対して

$$M = \langle m_1\boldsymbol{u}_1, m_2\boldsymbol{u}_2, \ldots, m_s\boldsymbol{u}_s \rangle$$

とおくと，剰余群 $\mathbb{Z}^n/M$ は

$$(\mathbb{Z}/m_1\mathbb{Z}) \times (\mathbb{Z}/m_2\mathbb{Z}) \times \cdots \times (\mathbb{Z}/m_s\mathbb{Z}) \times \mathbb{Z}^{n-s}$$

と同型になる．$m_j = 1$ である場合には $\mathbb{Z}/m_j\mathbb{Z}$ を省いてもよい．

証明 写像

$$f : \mathbb{Z}^n \longrightarrow (\mathbb{Z}/m_1\mathbb{Z}) \times (\mathbb{Z}/m_2\mathbb{Z}) \times \cdots \times (\mathbb{Z}/m_s\mathbb{Z}) \times \mathbb{Z}^{n-s}$$

を

$$\begin{aligned} f : x_1\boldsymbol{u}_1 + x_2\boldsymbol{u}_2 + \cdots + x_n\boldsymbol{u}_n \\ \longmapsto (x_1 + m_1\mathbb{Z}, x_2 + m_2\mathbb{Z}, \ldots, x_s + m_s\mathbb{Z}, x_{s+1}, x_{s+2}, \ldots, x_n) \end{aligned}$$

により定めると，f は全準同型で

$$\mathrm{Ker}(f) = \langle m_1\boldsymbol{u}_1, m_2\boldsymbol{u}_2, \ldots, m_s\boldsymbol{u}_s \rangle$$

は M に一致する．よって準同型定理により

$$\mathbb{Z}^n/M \cong (\mathbb{Z}/m_1\mathbb{Z}) \times (\mathbb{Z}/m_2\mathbb{Z}) \times \cdots \times (\mathbb{Z}/m_s\mathbb{Z}) \times \mathbb{Z}^{n-s}$$

を得る． □

5.2 有限生成アーベル群

本節を通して，アーベル群の演算は加法の形で書く．本節の目標は，有限個の元で生成されるアーベル群の構造を決定することである．

アーベル群 G が $g_1, g_2, \ldots, g_n$ で生成されるとする．このとき，写像

$$f : \mathbb{Z}^n \ni (x_j) \longmapsto x_1 g_1 + x_2 g_2 + \cdots + x_n g_n \in G$$

は全準同型であるから，準同型定理より G は $\mathbb{Z}^n/\mathrm{Ker}(f)$ に同型である．さて，$\mathrm{Ker}(f)$ は $\mathbb{Z}^n$ の部分群であるから，定理 5.2 と補題 5.10 より，整数 $r, s \geq 0$

5.2 有限生成アーベル群

$(r+s \leq n)$ と $m_1, m_2, \ldots, m_s \geq 2$ が存在して

$$\mathbb{Z}^n / \mathrm{Ker}(f) \cong (\mathbb{Z}/m_1\mathbb{Z}) \times (\mathbb{Z}/m_2\mathbb{Z}) \times \cdots \times (\mathbb{Z}/m_s\mathbb{Z}) \times \mathbb{Z}^r$$

が成り立つ ($m_1, m_2, \ldots, m_s$ は $m_1 \mid m_2 \mid \cdots \mid m_s$ をみたすようにとることもできる). よって G は高々 n 個の巡回群の直積と同型である.

一般に, G をアーベル群とするとき, 各 $n \in \mathbb{Z}_{>0}$ に対し, "n 倍写像"

$$G \ni x \longmapsto nx \in G$$

は準同型である. したがって, その像

$$nG := \{\, nx \mid x \in G \,\}$$

や核

$$G[n] := \{\, x \in G \mid nx = 0 \,\}$$

は G の部分群である. たとえば $G = \mathbb{Z}$ の場合には $nG = n\mathbb{Z} \cong \mathbb{Z}$, $G[n] = \{\, 0 \,\}$ となる. また, G が $G = G_1 \times G_2 \times \cdots \times G_r$ と直積に分解されているときには

$$nG = (nG_1) \times (nG_2) \times \cdots \times (nG_r), \quad G[n] = G_1[n] \times G_2[n] \times \cdots \times G_r[n]$$

ならびに

$$G/nG \cong (G_1/nG_1) \times (G_2/nG_2) \times \cdots \times (G_r/nG_r)$$

が成り立つ.

例題 5.11

$G = \mathbb{Z}/m\mathbb{Z}$ の場合には, $g = \gcd(m, n)$ とおいて $m = gm'$ とすると, 次が成り立つことを示せ.
(1) $nG = g\mathbb{Z}/m\mathbb{Z} \cong \mathbb{Z}/m'\mathbb{Z}$.
(2) $G[n] = m'\mathbb{Z}/m\mathbb{Z} \cong \mathbb{Z}/g\mathbb{Z}$.
(3) $G/nG \cong \mathbb{Z}/g\mathbb{Z}$.

解答 巡回群の部分群や剰余群は巡回群であるから, 群構造を知るためには位

数を求めれば十分である．

(1) 定理 3.16 より $n\mathbb{Z} + m\mathbb{Z} = g\mathbb{Z}$ であるから，

$$nG = (n\mathbb{Z} + m\mathbb{Z})/m\mathbb{Z} = g\mathbb{Z}/m\mathbb{Z}.$$

また $[g\mathbb{Z} : m\mathbb{Z}] = \frac{m}{g} = m'$．

(2) $n = gn'$ とすると，系 3.22 の (1) より，$a \in \mathbb{Z}$ に対して

$$m \mid na \iff m' \mid n'a \iff m' \mid a$$

が成り立つことがわかるから，$G[n] = m'\mathbb{Z}/m\mathbb{Z}$．また $[m'\mathbb{Z} : m\mathbb{Z}] = \frac{m}{m'} = g$．

(3) (1) より $[G : nG] = \frac{m}{m'} = g$ となることによる． □

問 5.12 アーベル群 G に対し，

$$G_{\mathrm{tor}} := \{\, x \in G \mid x \text{ の位数は有限} \,\}$$

とおくとき，次が成り立つことを示せ．
(1) G_{tor} は G の部分群（G の**ねじれ部分群**という）．
(2) G が $G = G_1 \times G_2 \times \cdots \times G_r$ と直積に分解されているとき

$$G_{\mathrm{tor}} = (G_1)_{\mathrm{tor}} \times (G_2)_{\mathrm{tor}} \times \cdots \times (G_r)_{\mathrm{tor}}.$$

例題 5.13

整数 $r, s \geq 0$ と $m_1, m_2, \ldots, m_s \geq 2$ ($m_1 \mid m_2 \mid \cdots \mid m_s$) に対し，

$$G = (\mathbb{Z}/m_1\mathbb{Z}) \times (\mathbb{Z}/m_2\mathbb{Z}) \times \cdots \times (\mathbb{Z}/m_s\mathbb{Z}) \times \mathbb{Z}^r$$

とおく．
(1) ねじれ部分群 G_{tor} の位数を求めよ．
(2) $j = 1, 2, \ldots, s$ に対し，$G[m_j]$ の位数を求めよ．
(3) $\gcd(m_s, n) = 1$ をみたす $n \in \mathbb{Z}_{>0}$ に対し，指数 $[G : nG]$ を求めよ．

解答 (1) $(\mathbb{Z}/m_i\mathbb{Z})_{\mathrm{tor}} = \mathbb{Z}/m_i\mathbb{Z}$ と $\mathbb{Z}_{\mathrm{tor}} = \{\,0\,\}$ より

$$G_{\mathrm{tor}} \cong (\mathbb{Z}/m_1\mathbb{Z}) \times (\mathbb{Z}/m_2\mathbb{Z}) \times \cdots \times (\mathbb{Z}/m_s\mathbb{Z})$$

となるから，$\#G_{\mathrm{tor}} = m_1 m_2 \cdots m_s$．

(2) $m_1 \mid m_2 \mid \cdots \mid m_s$ より

$$\gcd(m_i, m_j) = \begin{cases} m_i & (i \leq j \text{ の場合}) \\ m_j & (i > j \text{ の場合}) \end{cases}$$

が成り立つから，

$$G[m_j] \cong (\mathbb{Z}/m_1\mathbb{Z}) \times (\mathbb{Z}/m_2\mathbb{Z}) \times \cdots \times (\mathbb{Z}/m_{j-1}\mathbb{Z}) \times (\mathbb{Z}/m_j\mathbb{Z})^{s-j+1}.$$

したがって $\#G[m_j] = m_1 m_2 \cdots m_{j-1} m_j^{s-j+1}$.

(3) $m_1 \mid m_2 \mid \cdots \mid m_s$ と $\gcd(m_s, n) = 1$ より $\gcd(m_i, n) = 1$ が成り立つから，

$$G/nG \cong (\mathbb{Z}/n\mathbb{Z})^r.$$

したがって $[G : nG] = n^r$. □

以上をまとめて，有限生成なアーベル群の構造定理が得られる．

> **定理 5.14（アーベル群の基本定理）** G を有限個の元で生成されるアーベル群とするとき，整数 $r, s \geq 0$ と $m_1, m_2, \ldots, m_s \geq 2$ ($m_1 \mid m_2 \mid \cdots \mid m_s$) が一意的に存在して
>
> $$G \cong (\mathbb{Z}/m_1\mathbb{Z}) \times (\mathbb{Z}/m_2\mathbb{Z}) \times \cdots \times (\mathbb{Z}/m_s\mathbb{Z}) \times \mathbb{Z}^r$$
>
> が成り立つ．

証明 存在についてはすでに述べたので一意性を示す．すなわち，G が群

$$(\mathbb{Z}/m'_1\mathbb{Z}) \times (\mathbb{Z}/m'_2\mathbb{Z}) \times \cdots \times (\mathbb{Z}/m'_{s'}\mathbb{Z}) \times \mathbb{Z}^{r'}$$

($m'_1, m'_2, \ldots, m'_{s'} \geq 2$, $m'_1 \mid m'_2 \mid \cdots \mid m'_{s'}$) にも同型であるとして，$r = r'$, $s = s'$ ならびに $m_i = m'_i$ ($1 \leq i \leq s$) となることを示す．

まず $\gcd(m_s, n) = \gcd(m'_{s'}, n) = 1$ をみたす $n \in \mathbb{Z}_{>0}$ をとると，

$$[G : nG] = n^r = n^{r'}$$

となるから，$r = r'$ が得られる．次に

$$\#G_{\mathrm{tor}} = m_1 m_2 \cdots m_s = m'_1 m'_2 \cdots m'_{s'}$$

と

$$\begin{aligned}\#G[m_s] &= m_1 m_2 \cdots m_s \\ &= \gcd(m'_1, m_s) \gcd(m'_2, m_s) \cdots \gcd(m'_{s'}, m_s)\end{aligned}$$

から $\gcd(m'_i, m_s) = m'_i$ $(1 \leq i \leq s')$ がわかるから, $m'_{s'} \mid m_s$. 同様の考察を $\#G[m'_{s'}]$ について行えば $m_s \mid m'_{s'}$ がわかるから, $m_s = m'_{s'}$ が得られる. このとき, $m_1 m_2 \cdots m_{s-1} = m'_1 m'_2 \cdots m'_{s'-1}$ と

$$\begin{aligned}\#G[m_{s-1}] &= m_1 m_2 \cdots m_{s-2}\, m_{s-1}^2 \\ &= \gcd(m'_1, m_{s-1}) \gcd(m'_2, m_{s-1}) \cdots \gcd(m'_{s'-1}, m_{s-1}) m_{s-1}\end{aligned}$$

に対して同様の議論を適用すれば $m_{s-1} = m'_{s'-1}$ が得られる. 以下, 同様の議論を続けると, 順次 $m_{s-j} = m'_{s'-j}$ $(j = 0, 1, 2, \ldots)$ が従い, これより $s = s'$ もわかる. □

定理 5.15 有限アーベル群 G が巡回群であるためには, 任意の $n \in \mathbb{Z}_{>0}$ に対して $\#G[n] \leq n$ が成り立つことが必要かつ十分である.

[証明] まず G が巡回群であるとし, $G \cong \mathbb{Z}/m\mathbb{Z}$ とすると, 任意の $n \in \mathbb{Z}_{>0}$ に対して

$$\#G[n] = \gcd(m, n) \leq n$$

が成り立つ.

逆に, 任意の $n \in \mathbb{Z}_{>0}$ に対して $\#G[n] \leq n$ が成り立つとし,

$$G \cong (\mathbb{Z}/m_1\mathbb{Z}) \times (\mathbb{Z}/m_2\mathbb{Z}) \times \cdots \times (\mathbb{Z}/m_s\mathbb{Z})$$

$(m_1, m_2, \ldots, m_s \geq 2,\ m_1 \mid m_2 \mid \cdots \mid m_s)$ とすると

$$\#G[m_1] = m_1^s.$$

仮定より $\#G[m_1] \leq m_1$ であるから, $s = 1$ でなければならない. □

例題 5.16

$m \in \mathbb{Z}_{>0}$ が平方因子をもたないとき,位数 m のアーベル群は巡回群であることを示せ.ここで,m が平方因子をもたないとは $n^2 \mid m$ をみたす $n \in \mathbb{Z}$ ($n \geq 2$) が存在しないことをいう.

[解答] G をそのような群とし,
$$G \cong (\mathbb{Z}/m_1\mathbb{Z}) \times (\mathbb{Z}/m_2\mathbb{Z}) \times \cdots \times (\mathbb{Z}/m_s\mathbb{Z})$$
($m_1, m_2, \ldots, m_s \geq 2$, $m_1 \mid m_2 \mid \cdots \mid m_s$) とすると,$m = m_1 m_2 \cdots m_s$ が平方因子をもたないことより,$s = 1$ でなければならない. □

例題 5.17

位数 72 のアーベル群を分類せよ.

[解答] $72 = 2^3 3^2$ より,条件 $m_1 \mid m_2 \mid \cdots \mid m_s$ と $72 = m_1 m_2 \cdots m_s$ をみたす $m_1, m_2, \ldots, m_s \geq 2$ は次の 6 組であることがわかる.

$$72, \quad (2, 36), \quad (3, 24), \quad (6, 12), \quad (2, 2, 18), \quad (2, 6, 6).$$

したがって,位数 72 のアーベル群は

$\mathbb{Z}/72\mathbb{Z}$, $(\mathbb{Z}/2\mathbb{Z}) \times (\mathbb{Z}/36\mathbb{Z})$, $(\mathbb{Z}/3\mathbb{Z}) \times (\mathbb{Z}/24\mathbb{Z})$, $(\mathbb{Z}/6\mathbb{Z}) \times (\mathbb{Z}/12\mathbb{Z})$,

$(\mathbb{Z}/2\mathbb{Z}) \times (\mathbb{Z}/2\mathbb{Z}) \times (\mathbb{Z}/18\mathbb{Z})$, $(\mathbb{Z}/2\mathbb{Z}) \times (\mathbb{Z}/6\mathbb{Z}) \times (\mathbb{Z}/6\mathbb{Z})$

の 6 通り存在する. □

5.3 指標群

G を有限アーベル群(演算は乗法の形で書く)とし,その単位元を e で表す.また,$m \in \mathbb{Z}_{>0}$ に対し,($\mathbb{C}$ 内の) 1 の m 乗根全体のなす群を $\boldsymbol{\mu}_m$ で表す.$\boldsymbol{\mu}_m$ は $\zeta_m := \exp\left(2\pi\sqrt{-1}/m\right)$ により生成される位数 m の巡回群である.

G から乗法群 $\mathbb{C}^\times = \mathbb{C} - \{0\}$ への準同型写像を G の**指標**という.G の指標 χ, ψ に対し,それらの積 $\chi\psi : G \to \mathbb{C}^\times$ を

$$(\chi\psi)(a) := \chi(a)\psi(a) \qquad (a \in G)$$

によって定めると, $\chi\psi$ も G の指標になる. 実際 $a, b \in G$ とするとき,

$$\chi(ab)\,\psi(ab) = \chi(a)\,\chi(b)\,\psi(a)\,\psi(b) = \chi(a)\,\psi(a)\,\chi(b)\,\psi(b)$$

より $(\chi\psi)(ab) = (\chi\psi)(a)\,(\chi\psi)(b)$ がわかる. 容易にわかるように, G の指標の全体は上で定めた乗法に関してアーベル群をなし,

$$\varepsilon(a) := 1 \qquad (a \in G)$$

により定義される指標 ε (**単位指標**という) がその単位元となる. この群を G の**指標群**といい, $\widehat{G}$ や $G^\wedge$ で表す.

$a \in G$ が $m > 0$ に対して $a^m = e$ をみたすとき, 任意の $\chi \in \widehat{G}$ に対して

$$\chi(a)^m = \chi(a^m) = \chi(e) = 1,$$

すなわち $\chi(a) \in \boldsymbol{\mu}_m$ が成り立つ. よって, 条件

$$a^m = e \qquad (a \in G)$$

をみたす $m > 0$ (たとえば $|G|$) をとれば, 任意の $a \in G$ と $\chi \in \widehat{G}$ に対して $\chi(a) \in \boldsymbol{\mu}_m$ が成り立つ. これよりとくに

$$|\chi(a)| = 1, \qquad \chi(a)^{-1} = \overline{\chi(a)}.$$

最後の式から $\chi \in \widehat{G}$ の逆元は

$$\overline{\chi}(a) := \overline{\chi(a)} \qquad (a \in G)$$

により定義される指標 $\overline{\chi}$ で与えられることもわかる. また, G の各指標は G から $\boldsymbol{\mu}_m$ への写像とも見なせるから, $\widehat{G}$ は有限になる.

補題 5.18 G が位数 m の巡回群ならば, $\widehat{G}$ も位数 m の巡回群となる.

証明 まず G の生成元 a を固定し, $\chi : G \to \mathbb{C}^\times$ を

$$\chi(a^i) := \zeta_m^i \qquad (i \in \mathbb{Z})$$

により定める. a の位数が m であることより

$$a^i = a^j \implies i \equiv j \pmod{m} \implies \zeta_m^i = \zeta_m^j$$

となるから，上の $\chi(a^i)$ の定義は i の選び方に依らずに定まっている．これより $\chi \in \widehat{G}$ となることがわかる．

次に上のように定めた指標 χ の位数は m になることを示す．いま $n > 0$ に対して $\chi^n = \varepsilon$ が成り立ったとすると，

$$1 = \varepsilon(a) = \chi^n(a) = \chi(a)^n = \zeta_m^n$$

となるから $m \mid n$．他方 $\chi^m = \varepsilon$ となることは明らかであるから χ の位数は m である．

最後に $\widehat{G}$ が χ で生成されることを示す．いま任意に $\psi \in \widehat{G}$ をとると，$\psi(a) \in \boldsymbol{\mu}_m$ であることより，$\psi(a) = \zeta_m^i$ となるような $i \in \mathbb{Z}$ が存在する．このとき任意の $j \in \mathbb{Z}$ に対して

$$\psi(a^j) = \psi(a)^j = (\zeta_m^i)^j = (\zeta_m^j)^i = \chi(a^j)^i = \chi^i(a^j)$$

となるから $\psi = \chi^i$．よって $\widehat{G}$ は χ で生成される． $\square$

命題 5.19 $G_1, G_2, \ldots, G_r$ を有限アーベル群とするとき

$$(G_1 \times G_2 \times \cdots \times G_r)^\wedge \cong \widehat{G}_1 \times \widehat{G}_2 \times \cdots \times \widehat{G}_r.$$

証明 $r = 2$ の場合に示せばよい．$G := G_1 \times G_2$ とおき，$i = 1, 2$ に対して $p_i : G \to G_i$ と $q_i : G_i \to G$ を

$$\begin{aligned} p_1 &: (a_1, a_2) \longmapsto a_1, & q_1 &: a_1 \longmapsto (a_1, e_2) \\ p_2 &: (a_1, a_2) \longmapsto a_2, & q_2 &: a_2 \longmapsto (e_1, a_2) \end{aligned} \qquad (a_1 \in G_1,\ a_2 \in G_2)$$

により定める．ここで e_1 と e_2 はそれぞれ G_1 と G_2 の単位元を表す．これらの写像は準同型である．

いま $p : \widehat{G}_1 \times \widehat{G}_2 \to \widehat{G}$ を

$$p : (\chi_1, \chi_2) \longmapsto (\chi_1 \circ p_1) \cdot (\chi_2 \circ p_2) \qquad (\chi_1 \in \widehat{G}_1,\ \chi_2 \in \widehat{G}_2)$$

により定める．また $q : \widehat{G} \to \widehat{G}_1 \times \widehat{G}_2$ を

$$q : \chi \longmapsto (\chi \circ q_1, \chi \circ q_2) \qquad (\chi \in \widehat{G})$$

により定める．このとき $\chi, \psi \in \widehat{G}$ と $\chi_i, \psi_i \in \widehat{G_i}$ に対して

$$(\chi\psi) \circ q_i = (\chi \circ q_i) \cdot (\psi \circ q_i), \qquad (\chi_i\psi_i) \circ p_i = (\chi_i \circ p_i) \cdot (\psi_i \circ p_i)$$

が成り立つことに注意すると，p と q は共に準同型であることがわかる．さらに

$$(p_i \circ q_j)(a_j) = \begin{cases} a_j & (i = j \text{ の場合}) \\ e_i & (i \neq j \text{ の場合}) \end{cases} \qquad (a_j \in G_j)$$

ならびに

$$(q_1 \circ p_1)(a) \cdot (q_2 \circ p_2)(a) = a \qquad (a \in G)$$

より，p と q が互いに逆写像であることもわかる． □

定理 5.14 と補題 5.18, 命題 5.19 から直ちに次が得られる．

定理 5.20 有限アーベル群 G の指標群 $\widehat{G}$ は G と同型である．

注意 5.21 上の定理の主張は "G と $\widehat{G}$ の（有限アーベル群としての）型が一致する" ということであって，"G から $\widehat{G}$ への自然な同型写像が存在する" と主張している訳ではない．

部分群と剰余群の指標群

H を G の部分群とし，$\iota : H \to G$ を包含写像，$\varpi : G \to G/H$ を自然な全射とする．このとき，G の指標を H に制限することにより，準同型写像

$$\iota^* : \widehat{G} \ni \chi \longmapsto \chi \circ \iota = \chi|_H \in \widehat{H}$$

が得られる．その核を（$\widehat{G}$ における）H の**零化群**といい，$A_G(H)$ で表す．

$$A_G(H) := \{\, \chi \in \widehat{G} \mid \chi(a) = 1 \ (a \in H) \,\}.$$

写像 ι^* は $\widehat{G}/A_G(H)$ から $\widehat{H}$ への単準同型を引き起こす．また，ϖ からも準同型写像

$$\varpi^* : (G/H)^\wedge \ni \widetilde{\chi} \longmapsto \widetilde{\chi} \circ \varpi \in \widehat{G}$$

5.3 指標群

が得られる.

問 5.22 (1) ϖ^* は単射であることを示せ.
(2) ϖ^* の像は $A_G(H)$ に一致することを示せ.

上の問より,ϖ^* は $(G/H)^\wedge$ から $A_G(H)$ への同型を引き起こすことがわかる.

命題 5.23 G の部分群 H に対し,次の自然な同型が成り立つ.
(1) $(G/H)^\wedge \cong A_G(H)$.
(2) $\widehat{H} \cong \widehat{G}/A_G(H)$.

証明 (1) すでに述べた.
(2) (1) と定理 5.20 より
$$|A_G(H)| = |(G/H)^\wedge| = |G/H| = \frac{|G|}{|H|}$$
となることがわかるから,再び定理 5.20 を用いると
$$|\widehat{G}/A_G(H)| = \frac{|\widehat{G}|}{|A_G(H)|} = \frac{|G|}{|A_G(H)|} = |H| = |\widehat{H}|.$$
よって ι^* が引き起こす $\widehat{G}/A_G(H)$ から $\widehat{H}$ への単準同型は全射でもある. □

系 5.24 任意の $a \in G$ ($a \neq e$) に対し,$\chi(a) \neq 1$ となるような $\chi \in G$ が存在する.

証明 a が生成する巡回群 $\langle a \rangle$ を H とおくと,$a \neq e$ より $|H| > 1$ であるから,
$$|A_G(H)| = \frac{|G|}{|H|} < |G| = |\widehat{G}|.$$
よって $A_G(H)$ に属さない $\chi \in \widehat{G}$ が存在し,そのような χ は $\chi(a) \neq 1$ をみたす. □

命題 5.25 (1) $\chi \in \widehat{G}$ に対し,
$$\sum_{a \in G} \chi(a) = \begin{cases} |G| & (\chi = \varepsilon \text{ の場合}) \\ 0 & (\chi \neq \varepsilon \text{ の場合}) \end{cases}.$$

(2) $a \in G$ に対し,
$$\sum_{\chi \in \widehat{G}} \chi(a) = \begin{cases} |G| & (a = e \text{ の場合}) \\ 0 & (a \neq e \text{ の場合}) \end{cases}.$$

証明 (1) $\chi \neq \varepsilon$ とすると $\chi(a) \neq 1$ となるような $a \in G$ がとれる.このとき
$$\chi(a) \sum_{b \in G} \chi(b) = \sum_{b \in G} \chi(a)\chi(b) = \sum_{b \in G} \chi(ab) = \sum_{b \in G} \chi(b)$$
より
$$\sum_{b \in G} \chi(b) = 0.$$
また,$\chi = \varepsilon$ に対しては
$$\sum_{a \in G} \chi(a) = \sum_{a \in G} \varepsilon(a) = \sum_{a \in G} 1 = |G|$$
となるから主張が得られる.

(2) $a \neq e$ とすると系 5.24 より $\chi(a) \neq 1$ となるような $\chi \in \widehat{G}$ がとれる.このとき
$$\chi(a) \sum_{\psi \in \widehat{G}} \psi(a) = \sum_{\psi \in \widehat{G}} \chi(a)\psi(a) = \sum_{\psi \in \widehat{G}} (\chi\psi)(a) = \sum_{\psi \in \widehat{G}} \psi(a)$$
より
$$\sum_{\psi \in \widehat{G}} \psi(a) = 0.$$
また,$a = e$ に対しては
$$\sum_{\chi \in \widehat{G}} \chi(a) = \sum_{\chi \in \widehat{G}} \chi(e) = \sum_{a \in \widehat{G}} 1 = |\widehat{G}|$$
となるから定理 5.20 より主張を得る. □

系 5.26 f を G 上定義された複素数値関数とするとき
$$\widehat{f}_\chi := \sum_{a \in G} f(a) \overline{\chi}(a) \qquad (\chi \in \widehat{G})$$

5.3 指標群

とおくと,
$$f(a) = \frac{1}{|G|} \sum_{\chi \in \widehat{G}} \widehat{f}_\chi \, \chi(a) \qquad (a \in G).$$

証明
$$\sum_{\chi \in \widehat{G}} \widehat{f}_\chi \, \chi(a) = \sum_{\chi \in \widehat{G}} \Big(\sum_{b \in G} f(b) \, \overline{\chi}(b) \Big) \chi(a) = \sum_{b \in G} f(b) \Big(\sum_{\chi \in \widehat{G}} \chi(ab^{-1}) \Big)$$

ならびに
$$\sum_{\chi \in \widehat{G}} \chi(ab^{-1}) = \begin{cases} |G| & (a = b \text{ の場合}) \\ 0 & (a \neq b \text{ の場合}) \end{cases}$$

より容易. □

有限アーベル群の双対性

$\widehat{G}$ は有限アーベル群であるから, その指標群 $\widehat{\widehat{G}} = (\widehat{G})^{\wedge}$ を考えることができる. 定理 5.20 により $\widehat{\widehat{G}}$ も G や $\widehat{G}$ と同型である.

いま各 $a \in G$ に対し, 写像 $I_a : \widehat{G} \to \mathbb{C}^\times$ を
$$I_a : \chi \longmapsto \chi(a) \qquad (\chi \in \widehat{G})$$

により定めると, I_a は $\widehat{\widehat{G}}$ に属する. 実際 $\chi, \psi \in \widehat{G}$ とするとき
$$I_a(\chi\psi) = (\chi\psi)(a) = \chi(a)\,\psi(a) = I_a(\chi)\,I_a(\psi).$$

定理 5.27(双対定理) 写像
$$I : G \ni a \longmapsto I_a \in \widehat{\widehat{G}}$$
は同型.

証明 $a, b \in G$ とするとき, $\chi \in \widehat{G}$ に対して
$$I_{ab}(\chi) = \chi(ab) = \chi(a)\,\chi(b) = I_a(\chi)\,I_b(\chi) = (I_a I_b)(\chi)$$

となるから $I_{ab} = I_a I_b$. また $a \in \mathrm{Ker}(I)$ とすると

$$I_a(\chi) = \chi(a) = 1 \qquad (\chi \in \widehat{G})$$

となるから,系 5.24 より $a = e$. よって $I : G \to \widehat{\widehat{G}}$ は単準同型となるが,定理 5.20 より $\widehat{\widehat{G}}$ の位数は G の位数と一致するから,I は全射でもある. □

注意 5.28 定理 5.20 で述べた G と $\widehat{G}$ の同型とは異なり,上の定理の同型写像 $I : G \to \widehat{\widehat{G}}$ は G の生成元の選び方に依らない自然なものである.この意味で,G と $\widehat{G}$ とは互いに指標群になっていると見なせる.

■■演習問題■■■■■■■■■■■■■■■■■■■■■■■■■■■

◆**演習 1** $n \geq 2$ とするとき,$\boldsymbol{a} = (a_i) \in \mathbb{Z}^n$ が $\gcd(a_1, a_2, \ldots, a_n) = 1$ をみたすならば,$\boldsymbol{a}$ を第 1 列とするような整数成分の正方行列 $A = (\boldsymbol{a} \; \boldsymbol{a}' \; \boldsymbol{a}'' \ldots)$ で $\det(A) = 1$ をみたすものが存在することを示せ.

◆**演習 2** $f : \mathbb{Z}^n \ni \boldsymbol{x} \mapsto A\boldsymbol{x} \in \mathbb{Z}^n$ を整数成分の n 次正方行列 A が定める準同型写像とするとき,$\det(A) \neq 0$ ならば $[\mathbb{Z}^n : \mathrm{Im}(f)]$ は $\det(A)$ の絶対値に一致することを示せ.また,$\det(A) = 0$ ならば $[\mathbb{Z}^n : \mathrm{Im}(f)] = \infty$ となることを示せ.

◆**演習 3** 位数が 10 以下のアーベル群を分類せよ.

◆**演習 4** 記号は系 5.26 の通りとするとき,G 上定義された複素数値関数 f, g に対して

$$\sum_{\chi \in \widehat{G}} \widehat{f}_\chi \overline{\widehat{g}_\chi} = |G| \sum_{a \in G} f(a) \overline{g(a)}$$

が成り立つことを示せ.

◆**演習 5** 複素数列 $(a_k)_{k=0}^\infty$ が周期 m $(m \geq 2)$ をもつとき,すなわち $a_{k+m} = a_k$ $(k \geq 0)$ をみたすとき,

$$\widehat{a}_l := \sum_{k=0}^{m-1} a_k \, \zeta_m^{-kl} \qquad (0 \leq l \leq m-1)$$

とおけば

$$a_k = \frac{1}{m} \sum_{l=0}^{m-1} \widehat{a}_l \, \zeta_m^{kl}$$

が成り立つことを示せ.

第6章

環 と 体

　整数や実数は数学において基本的な対象である．この整数や実数における加減乗の演算を抽象化して得られる自然な代数系が環であり，さらに付加的なよい性質をもつ環として整域や体という代数系がある．環を扱うことで，除法定理から素因数分解とその一意性の成立までの流れを，根底にある概念を確認しながら統一的に眺めることができる．本章では，環の基本事項を述べ，この流れを概観する．

6.1 環の定義

　整数全体の集合 $\mathbb{Z}$ や実数全体の集合 $\mathbb{R}$ では加減乗の演算が定義されている．加法については，結合律 $(a+b)+c = a+(b+c)$ と交換律 $a+b = b+a$ が成り立ち，0 は任意の元 $a \in \mathbb{Z}$（または $a \in \mathbb{R}$）に対して $a+0 = 0+a = a$ をみたす．また，任意の元 $a \in \mathbb{Z}$（または $a \in \mathbb{R}$）に対して $a+b = b+a = 0$ となる $b \in \mathbb{Z}$（または $b \in \mathbb{R}$）が存在する．この b は $-a$ と表され，$a-b = a+(-b)$ をみたす．つまり，減法はマイナスを伴った数を用いて加法で表すことができる．積については，結合律 $(ab)c = a(bc)$ と交換律 $ab = ba$ が成り立ち，1 は任意の元 $a \in \mathbb{Z}$（または $a \in \mathbb{R}$）に対して $a \cdot 1 = 1 \cdot a = a$ をみたす．そしてさらに，**分配律** $a(b+c) = ab + ac, (a+b)c = ac + bc$ が成り立つ．これらの性質は有理数全体の集合 $\mathbb{Q}$ や複素数全体の集合 $\mathbb{C}$ でも成り立つ基本的な演算の性質である．皆さんは数に関する命題がこのような共通の性質から同じような手法で証明できるという経験をしたことはないだろうか．このようなとき，共通の性質を公理として抽出し，一つの体系として理論を構築しておけば，いろいろな現象が統一的に処理でき，しかも，その本質が見やすくなる．環とはまさにそのような体系であり，加法と乗法とよばれる 2 つの演算が定義されてい

て，いくつかの性質を公理とする代数系である．

定義 6.1（環） 集合 R に 2 つの演算 $+$ と $\cdot$ が定義されていて，次の (1) から (3) の条件をみたすとき，R は演算 $+$ と $\cdot$ に関して**環** (ring) である，または，集合と演算を組にして $(R, +, \cdot)$ は環であるという．

(1) 演算 $+$ について次の 4 条件が成り立つ．
  (a) 結合律が成り立つ．すなわち，任意の $a, b, c \in R$ に対して $(a+b)+c = a+(b+c)$ が成り立つ．
  (b) 任意の $a \in R$ に対して $a + \theta = \theta + a = a$ となる（a に依らない）元 $\theta \in R$ が存在する．この θ を R の**零元**とよぶ．
  (c) 任意の $a \in R$ に対して $a + b = b + a = \theta$ となる（a に依存して定まる）元 $b \in R$ が存在する．この b を a の演算 $+$ に関する**逆元**とよぶ．
  (d) 交換律が成り立つ．すなわち，任意の $a, b \in R$ に対して $a+b = b+a$ が成り立つ．

(2) 演算 $\cdot$ について次の 2 条件が成り立つ．
  (a) 結合律が成り立つ．すなわち，任意の $a, b, c \in R$ に対して $(a \cdot b) \cdot c = a \cdot (b \cdot c)$ が成り立つ．
  (b) 任意の $a \in R$ に対して $a \cdot e = e \cdot a = a$ となる（a に依らない）元 $e \in R$ が存在する．この e を R の**単位元**とよぶ．

(3) 分配律が成り立つ．すなわち，任意の $a, b, c \in R$ に対して $a \cdot (b+c) = a \cdot b + a \cdot c$ および $(a+b) \cdot c = a \cdot c + b \cdot c$ が成り立つ．

ここで，演算 $+$ を R の加法（$a+b$ を a と b の和），演算 $\cdot$ を R の乗法（$a \cdot b$ を a と b の積）とよぶ．なお，使っている演算が明らかなときには単に R は環であるという．

以下，環の定義についていくつか注意を与える．

注意 6.2 定義 6.1 で定めた環は単位元をもつ環であるので単位的環ともよばれる．なお，文献によっては，単位元の存在は条件に含めず，定義 6.1 の条件 (2) の (b) を除くすべての条件をみたす R を環とよぶこともある．しかし，本書では環といったら単位的環のこととする．

注意 6.3 環の定義 6.1 を群の用語を用いて述べれば，環とは，加法 $+$ と乗法 $\cdot$ とよ

6.1 環の定義

ばれる 2 つの演算が定義されていて，次の (1) から (3) の条件をみたすものである．
 (1) $(R, +)$ は加法群（可換群）である．
 (2) $(R, \cdot)$ は単位元をもつ半群である．
 (3) 分配律が成り立つ．

注意 6.4 環の定義で $+$ を加法，$\cdot$ を乗法とよんだが，これはそれぞれの演算に要請している条件に起因するよび方であって，通常の整数や実数における加法や乗法とは直接は無関係である．つまり，与えられた条件をみたしていれば，それが加法であり，乗法である（例 6.38 参照）．

注意 6.5 群においては，演算が加法であれば単位元を 0 で表し，乗法であれば 1 と表したが，環では単位元といえば乗法に関する単位元のことを指し，加法の単位元は零元とよぶ．

注意 6.6 環の加法は交換律をみたすので，定義の (1) の (b) と (c) はそれぞれ次の条件に置き換えられる．
 (b′) 任意の $a \in R$ に対して $a + \theta = a$ となる（a に依らない）元 $\theta \in R$ が存在する．
 (c′) 任意の $a \in R$ に対して $a + b = \theta$ となる（a に依存して定まる）元 $b \in R$ が存在する．

環の定義の (1) の (b) で登場する θ は，整数や実数での 0 のことであり，環では 0 または 0_R を用いて表す．また，同じく環の定義の (2) の (b) で登場する e は，整数や実数での 1 のことであり，環では 1 または 1_R を用いて表す（群の単位元の記法に合わせて e_R とも表す）．なお，後ほど命題 6.13 で述べるように，零元や単位元は R において唯一つ存在する特別な元であるので，0_R や 1_R という表し方をしている．

例 6.7（零環） $R = \{0\}$ とし，$0 + 0 = 0$ と $0 \cdot 0 = 0$ により和と積を定めると，これは $0 = 0_R = 1_R$ となる環になる．これを**零環**とよぶ．

零環であるための必要十分条件は，環 R において $0_R = 1_R$，すなわち，加法の零元と乗法の単位元が一致することである．実際，上で述べたように零環ならば $0_R = 1_R$ であり，逆に，$0_R = 1_R$ ならば，後で述べる命題 6.15 より，任意の $a \in R$ について $a = a \cdot 1_R = a \cdot 0_R = 0_R$ を得る．よって，$R = \{0_R\}$，つまり，R は零環となる．

零環は自明な環といえるが，本質的に意味のある環ではないので，本書では

環といえば，零環ではない環を意味することとする．

以下，とくに演算の記号を強調する必要がないときには，積 $a \cdot b$ は単に ab と表す．環の演算では結合律が成り立つ．よって，3 つ以上の元の和や積は，元の並び方さえ変えなければどの隣り合う演算から行っても得られる結果は同じなので，単に $a_1 + a_2 + \cdots + a_n$ や $a_1 a_2 \cdots a_n$ と表す．加法については交換律が成り立つので，元の順序を変えても演算結果は同じであるが，乗法については一般に ab と ba は一致しない．つまり，環においては乗法の交換律が成り立つとは限らない．とくに，交換律が成り立つ環に名前を付けておく．

> **定義 6.8（可換環）** 環 R がさらに次の条件 (4) みたすとき，R は演算 $+$ と $\cdot$ に関して**可換環**であるという．
>
> (4) 乗法の交換律が成り立つ．すなわち，任意の $a, b \in R$ に対して $a \cdot b = b \cdot a$ が成り立つ．
>
> なお，可換環でない環を**非可換環**という．

代表的な環の例をいくつか与えておく．

例 6.9 $\mathbb{Z}$ は通常の加法と乗法に関して可換環である．このとき，零元と単位元はそれぞれ整数の 0 と 1 である．この $\mathbb{Z}$ を**整数環**または**有理整数環**とよぶ．$\mathbb{Q}, \mathbb{R}, \mathbb{C}$ も $\mathbb{Z}$ と同様に通常の加法と乗法に関して可換環であり，零元と単位元はそれぞれ 0 と 1 である．

例 6.10 n を自然数とする．実数成分の n 次正方行列全体の集合を $M(n, \mathbb{R})$ で表すと，$M(n, \mathbb{R})$ は行列の通常の加法と乗法に関して環となる．このとき，$M(n, \mathbb{R})$ の零元は零行列 O であり，単位元は単位行列 E である．この環を $\mathbb{R}$ 上の n 次**全行列環**という．有理数成分や複素数成分の n 次正方行列全体の集合 $M(n, \mathbb{Q})$ や $M(n, \mathbb{C})$ も環である．$n \geq 2$ ならばいずれも非可換環である．

例 6.11 x を不定元とする実数係数の多項式の全体を $\mathbb{R}[x]$ で表すと，$\mathbb{R}[x]$ は通常の多項式の加法と乗法によって可換環となる．このとき，$\mathbb{R}[x]$ の零元は実数の 0 であり，単位元は実数の 1 である．この $\mathbb{R}[x]$ を $\mathbb{R}$ 上の（1 変数）**多項式環**という．

次の例は 6.4 節で述べる剰余環の重要な例であるが，数の合同によって演算

6.1 環 の 定 義

が定まり,簡単な計算で環となることがわかるのでここで紹介しておく.

例 6.12 m を 2 以上の整数とする.このとき,3.4 節の数の合同を用いると,有理整数環 $\mathbb{Z}$ は法 m で m 個の集合

$$\overline{0} = 0 + m\mathbb{Z} = m\mathbb{Z}, \quad \overline{1} = 1 + m\mathbb{Z}, \quad \ldots, \quad \overline{m-1} = (m-1) + m\mathbb{Z}$$

に類別できる.これらの集合の全体を

$$\mathbb{Z}/m\mathbb{Z} = \{\overline{0}, \overline{1}, \ldots, \overline{m-1}\}$$

とおく($\mathbb{Z}/m\mathbb{Z}$ は群でも出てきた記号であり,これは加法群 $\mathbb{Z}$ の部分群 $m\mathbb{Z}$ による剰余群になる).ここで,$\overline{a}, \overline{b} \in \mathbb{Z}/m\mathbb{Z}$ に対して,和と積を

$$\overline{a} + \overline{b} = \overline{a+b}, \quad \overline{a} \cdot \overline{b} = \overline{a \cdot b}$$

で与えると,これらは命題 3.41 より a や b といった表記上の代表元のとり方に依らず演算が定まり,$\mathbb{Z}/m\mathbb{Z}$ はこの和と積に関して可換環になることが確かめられる.ここで,零元は $\overline{0}$ であり,単位元は $\overline{1}$ である.この環 $\mathbb{Z}/m\mathbb{Z}$ は 6.4 節で述べる $\mathbb{Z}$ の $m\mathbb{Z}$ による(または法 m に関する)剰余環となる.

次に,環の定義からすぐに従う命題をいくつか述べておく.

命題 6.13 R を環とするとき,次が成り立つ.
 (1) 零元は唯一つである(零元の一意性).
 (2) 単位元は唯一つである(単位元の一意性).
 (3) $a \in R$ の加法に関する逆元は唯一つである(逆元の一意性).

証明 まず (1) を示す.0 と $0'$ を R の零元とする.すなわち,任意の $a \in R$ に対して $a + 0 = 0 + a = a$ および $a + 0' = 0' + a = a$ が成り立つとする.a は任意であるので,前者の式で $a = 0'$,後者の式で $a = 0$ とすれば,$0 = 0 + 0' = 0'$ となり (1) が従う.(2) も (1) と同様に示せる.

次に (3) を示す.$a \in R$ に対して,b と b' を a の逆元とする.すなわち,$a + b = b + a = 0$ および $a + b' = b' + a = 0$ が成り立つとする.このとき $b = b + 0 = b + (a + b') = (b + a) + b' = 0 + b' = b'$ となり (3) が従う. □

注意 6.14　環は加法に関して加法群であり，乗法に関して単位元をもつ半群であるので，環における命題には群や半群の性質から直ちに従うものもある．上の命題はまさにそのような例であり，命題 4.6 や 4.9 から直ちに得られる．しかし本書では，環から読み始める読者のために，しばらくは（6.5 節までを目安に）繰り返しになる場合があっても証明を与えることにし，必要な場面では群の性質から従うことにも触れることにする．

環 R の元 a, b に対して，b の加法に関する逆元 $-b$ は唯一つであるので，

$$a - b = a + (-b)$$

によって a と b の差を定めることができる（このことは加法群に差が定まることと同じである）．この差 $a - b$ は x に関する方程式 $b + x = a$ をみたす R の唯一つの元である．

次の命題も環の定義から直ちに従う性質である．この命題によれば，「零を掛けると零になる」ことや「負の数同士の積は正の数になる」ことは，環の定義から自動的に導かれる性質であることがわかる．

命題 6.15　R を環とするとき，$a, b \in R$ について次が成り立つ．
(1)　$a \cdot 0 = 0 \cdot a = 0$.
(2)　$-(-a) = a$.
(3)　$-(ab) = a(-b) = (-a)b$.
(4)　$(-a)(-b) = ab$.

証明　(1) 零元の定義と分配律より $a \cdot 0 = a \cdot (0 + 0) = a \cdot 0 + a \cdot 0$ となる．よって，$a \cdot 0$ の加法に関する逆元を両辺に加えれば，$a \cdot 0 = 0$ を得る．$0 \cdot a = 0$ も同様に示せる．

(2) これは R を加法群と見れば命題 4.18（証明は命題 4.10 参照）そのものであるが，群のときとは違う証明を与えておく．まず，加法に関する逆元の定義より $a + (-a) = 0$ かつ $(-a) + (-(-a)) = 0$ である．よって，$a + (-a) = (-a) + (-(-a))$ となり，両辺に a を加えれば $a = -(-a)$ が得られる．

(3) 分配律と (1) より，$ab + (a(-b)) = a(b + (-b)) = a \cdot 0 = 0$ となるので，ab の加法に関する逆元は $a(-b)$ であり，$-(ab) = a(-b)$ を得る．同様にして

$-(ab) = (-a)b$ も示せる．

(4) (2) と (3) より $(-a)(-b) = -(a(-b)) = -(-(ab)) = ab$ が従う． □

環 R の元 a と自然数 n に対して，a の n 個の積を a^n で表し，a の巾または巾乗とよぶ．すなわち，

$$a^1 = a, \quad a^n = aa^{n-1} \quad (n \geq 2 \text{ は整数})$$

である．また，

$$a^0 = 1$$

と定める．このとき，整数 $m, n \geq 0$ に対して

$$a^{m+n} = a^m a^n, \quad a^{mn} = (a^n)^m = (a^m)^n$$

が成り立つ．しかし，$a, b \in R$ に対して，一般に $(ab)^n$ と $a^n b^n$ は一致しない．ただし，R が可換環であれば，$(ab)^n = a^n b^n$ も成り立つ．

環 R の加法については（加法群の場合と同様に），自然数 n に対して na を a の n 個の和

$$na = \underbrace{a + a + \cdots + a}_{n}$$

とし，負の整数 $n \leq -1$ に対して na を a の加法に関する逆元 $-a$ の $|n| = -n$ 個の和

$$na = (-n)(-a) = -(-n)a$$

とする．また，$n = 0$ については $0a = 0_R$ と定める．このとき，

$$(m+n)a = ma + na, \quad (mn)a = m(na) = n(ma), \quad n(a+b) = na + nb$$

が成り立つ．なお，ここで定義した na は整数 n と元 $a \in R$ の積 $n \cdot a$ ではないことを注意しておく．

問 **6.16** R を環とし，$\mathbb{Z} \subset R$ とする．このとき，$n \in \mathbb{Z}$ と $a \in R$ について $na = n \cdot a$ となることを示せ．ここで，右辺は環の積，左辺は上で定めた整数倍である．

問 **6.17** R を環とするとき，$a, b, c \in R$ について次を示せ．
(1) $a(b-c) = ab - ac, \quad (a-b)c = ac - bc$.
(2) $-(a+b) = -a - b, \quad -(a-b) = -a + b$.

整域と体

よく利用される $a \cdot 0 = 0 \cdot a = 0$ や $(-a)(-b) = ab$ といった計算規則は，命題 6.15 で示したように環の定義から導くことができる．この他によく利用する計算規則に "$ab = 0$ ならば $a = 0$ または $b = 0$" というものがある．たとえば，x に関する 2 次方程式の解を求める際に，$(x-2)(x-3) = 0$ の解は $x = 2$ または $x = 3$ であると結論するときには，$f(x) = x - 2$ と $g(x) = x - 3$ について $f(x)g(x) = 0$ ならば $f(x) = 0$ または $g(x) = 0$ という計算規則を利用している．しかし，この計算規則は環の定義から導くことはできない．実際，全行列環 $M(n, \mathbb{R})$ において，

$$\begin{pmatrix} 1 & 2 \\ -1 & -2 \end{pmatrix} \begin{pmatrix} -2 & 2 \\ 1 & -1 \end{pmatrix} = \begin{pmatrix} 0 & 0 \\ 0 & 0 \end{pmatrix}$$

であり，$A \neq O$ かつ $B \neq O$ であっても $AB = O$ となることがある．そこで，0 でない元を掛けて 0 になる元に特別に名前を付けておく．

環 R の元 a について，$ab = 0$ となる $b \in R$ ($b \neq 0$) が存在するとき，a を**左零因子**とよび，$ba = 0$ となる $b \in R$ ($b \neq 0$) が存在するとき，a を**右零因子**とよぶ．R が可換環であれば，左零因子は右零因子であり，その逆も成り立つので，単に**零因子**とよぶ．なお，左零因子と右零因子をまとめて零因子ということもある．定義より 0 は零因子である．

問 6.18 全行列環 $M(n, \mathbb{R})$ の元 A について次は同値であることを示せ．
(1) A は左零因子である．
(2) A は右零因子である．
(3) $\det(A) = 0$ である．

例題 6.19

m を 2 以上の整数とする．法 m の剰余環 $\mathbb{Z}/m\mathbb{Z}$ の零因子は，$0 \leq a < m$ なる整数のうち m と互いに素でない a によって $\bar{a} = a + m\mathbb{Z}$ と表され，かつ，それらで尽くされることを示せ．

[解答] $\mathbb{Z}/m\mathbb{Z}$ の代表元として $A = \{0, 1, \ldots, m-1\}$ がとれるので，$a \in A$ について考えればよい．まず，a は m と互いに素でないとする．$g = \gcd(a, m)$ とし，$a' = \frac{a}{g}$，$b = \frac{m}{g}$ とおけば，$0 < b < m$ より $\bar{b} \neq \bar{0}$ であり，さらに

$\overline{a}\overline{b} = \overline{a'm} = \overline{0}$ となる．よって，$\overline{a}$ は零因子である．逆に，$\overline{a}$ が零因子ならば，$\overline{b} \neq \overline{0}$ かつ $\overline{a}\overline{b} = \overline{0}$ となる $b \in A$ があり，とくに $m \mid ab$ である．ここで $g = \gcd(a, m)$, $h = \gcd(b, m)$ とおく．仮に $g = 1$ とすれば，$b \in A - \{0\}$ より $\gcd(ab, m) = \gcd(b, m) = h < m$ となり，$m \mid ab$ に反する．よって，$g \neq 1$，つまり，a は m と互いに素でないことがわかる． □

注意 6.20 例題 6.19 の "逆に" の部分の証明について，a が m と互いに素ならば，除法定理（定理 3.1）より $ak + ml = 1$ となる $k, l \in \mathbb{Z}$ が存在するので，$\overline{a}$ は $\mathbb{Z}/m\mathbb{Z}$ の可逆元であることがわかる．したがって，後述の命題 6.30 を用いれば，$\overline{a}$ は零因子でないことが従い，主張が証明できる．

命題 6.21 環 R において次は同値である．
(1) R は 0 以外の左零因子も右零因子ももたない．
(2) R において **簡約律** が成り立つ．つまり，$a, b, c \in R$ ($a \neq 0$) に対して

$$ab = ac \Longrightarrow b = c \quad \text{および} \quad ba = ca \Longrightarrow b = c$$

が成り立つ．

証明 $a, b, c \in R$ ($a \neq 0$) とする．まず $ab = ac$ ならば，$a(b - c) = 0$ かつ $a \neq 0$ であるので，R が 0 以外の右零因子をもたなければ $b - c = 0$ より $b = c$ を得る．$ba = ca$ のときも同様に $b = c$ が示せるので，(1) $\Rightarrow$ (2) が従う．

次に $a \in R$ を 0 以外の左零因子とする．つまり，$a \neq 0$ であり，$ab = 0$ となる $b \in R$ ($b \neq 0$) が存在したとする．このとき，$ab = 0 = a \cdot 0$ かつ $b \neq 0$ であるので，簡約律は成り立たない．0 以外の右零因子が存在するときも同様に示せるので，R が 0 以外の左零因子または右零因子をもつならば，簡約律は不成立となる．よって，(2) $\Rightarrow$ (1) が示せた． □

0 以外に零因子がなければ，代数方程式を解くときに用いる計算規則である "$(x - a)(x - b) = 0$ ならば $x = a$ または $x = b$" が利用できるので，そのような環はある意味で良い環であるといえる．そこでそのような環に名前を付けておく．

定義 6.22（整域） 環 R が次の 2 条件をみたすとき，R は**整域** (integral domain) であるという．
(1) R は可換環である．
(2) R は 0 以外の零因子をもたない．つまり，$a, b \in R$ に対して

$$ab = 0 \Longrightarrow a = 0 \text{ または } b = 0$$

が成り立つ．

例 6.23 有理整数環 $\mathbb{Z}$ は整域である．

整域の定義では可換性も仮定していることに注意する．可換性を加えることで扱いやすくなることはもちろんだが，整数論などで扱う重要な概念の一般化にも十分対応ができる．命題 6.21 より次の系が得られる．

系 6.24 整域においては簡約律が成り立つ．

環の中で良い性質をもつものとして整域を定義したが，その他にも特別な環がある．環は加法と乗法の 2 つの演算の定まった代数系であり，環の任意の元 a, b について $a - b = a + (-b)$ により減法も定まった．つまり，環は加減乗ができる代数系である．ところが，除法ができることは保証されていない．一方，$\mathbb{R}$ や $\mathbb{C}$ などは 0 以外のすべての元で割ることが可能である．この違いをわかりやすく理解するために，いくつかの用語を定義する．

環 R の元 $a \in R$ に対して，$ab = ba = 1$ となる（a に依存して定まる）元 $b \in R$ が存在するとき，a は**可逆**（あるいは**正則**）である，または，**可逆元**（あるいは**正則元**，**単元**，**単数**）であるという．また，この b を a の（乗法に関する）**逆元**という（R を乗法に関する単位元をもつ半群と見たときの可逆元と同じである）．環 R の可逆元の全体を $R^{\times}$ で表す：

$$R^{\times} = \{a \in R \mid a \text{ は } R \text{ の可逆元 (単元)}\}.$$

後で述べる命題 6.28 からわかるように，$R^{\times}$ は R の乗法に関して群となる．そこで，この $R^{\times}$ を R の**乗法群**または**単元群**とよぶ．

6.1 環 の 定 義

例 6.25 $\mathbb{Z}$ の単元群は $\mathbb{Z}^\times = \{\pm 1\}$ である．$\mathbb{R}$ の単元群は $\mathbb{R}^\times = \mathbb{R} - \{0\}$ であり，$\mathbb{Q}$ や $\mathbb{C}$ の単元群も $\mathbb{Q}^\times = \mathbb{Q} - \{0\}$，$\mathbb{C}^\times = \mathbb{C} - \{0\}$ となる（この記号は第 4 章（例 4.14 等）でも用いたが，単元群の記号を流用していた）．

例 6.26 全行列環 $M(n, \mathbb{R})$ の単元群は $M(n, \mathbb{R})^\times = GL(n, \mathbb{R})$ である．

命題 6.13 で環 R の加法に関する逆元の一意性を示したが，それと同様に乗法に関する逆元も唯一つであることが示せる（単位元をもつ半群における逆元の一意性と思えば加法でも乗法でも証明は同じである）．また，R のどんな元も 0 との積は 0 であったので，0 は可逆元ではない．このことをまとめると次の命題となる．

命題 6.27 環 R において次が成り立つ．
 (1) 逆元は存在すれば唯一つである（乗法に関する逆元の一意性）．
 (2) 0 は可逆元でない，つまり，$0 \notin R^\times$ である．

可逆元 a の逆元は唯一つであるので，それを a^{-1} で表す．次の命題は群（単位元をもつ半群）における逆元の性質と基本的に同じものである（証明は命題 4.10 参照）．

命題 6.28 R を環，$a, b \in R^\times$ とする．このとき次が成り立つ．
 (1) a^{-1} も可逆元であり，$(a^{-1})^{-1} = a$ となる．
 (2) ab も可逆元であり，$(ab)^{-1} = b^{-1}a^{-1}$ となる．

命題 6.28 からわかるように，環において一般に $(ab)^{-1}$ と $a^{-1}b^{-1}$ が一致するとは限らない．

注意 6.29 $\mathbb{R}$ では可逆元 $r \in \mathbb{R}$ の逆元，つまり，逆数を $\frac{1}{r}$ と表すが，環では可逆元 a の逆元 a^{-1} を $\frac{1}{a}$ とは一般には表さない．分数表示を乱用すると，例えば $\frac{b}{a}$ は $\frac{1}{a} \cdot b$ であるか $b \cdot \frac{1}{a}$ であるか区別ができなくなるからである．可換環においては，これによって問題は生じないため分数表記を用いることもあり，$\mathbb{R}$ ではまさにそうにしている（6.2 節で述べる商体でも分数表記を用いている）．

環 R の単元群 $R^\times$ の元 a に対して，a の負の**巾乗**を

$$a^{-n} = (a^{-1})^n \qquad (n \in \mathbb{N})$$

と定める．整数 $n \geq 0$ についてはすでに $a \in R$ の n による巾乗を定めているので，$a \in R^\times$ と $n \in \mathbb{Z}$ に対して a の巾乗 $a^n \in R^\times$ が定義できて，

$$a^{mn} = (a^m)^n = (a^n)^m, \quad a^{m+n} = a^m a^n \qquad (m, n \in \mathbb{Z})$$

が成り立つ．もちろん，一般に $(ab)^n$ と $a^n b^n$ は一致しない．

次に，可逆元と零因子との関係を述べておく．

命題 6.30 環 R において，可逆元は左零因子でも右零因子でもない．

証明 $a \in R^\times$ とする．$ab = 0$ となる $b \in R$ が存在したとする．このとき，

$$b = 1 \cdot b = (a^{-1}a)b = a^{-1}(ab) = a^{-1} \cdot 0 = 0$$

となるので，a は左零因子ではない．右零因子でないことも同様に示せる． □

環の中には $\mathbb{Q}$ や $\mathbb{R}$，$\mathbb{C}$ のように 0 以外の元がすべて可逆元である環もあった．このような環では 0 以外の元による除法が定まり，0 で割ることを除けば，加減乗除の四則演算ができることになる．そこで，このような特別な環にも名前を付けておく．

定義 6.31（体） 環 R が次の 2 条件をみたすとき，R は **体**（field）であるという．
(1) R は可換環である．
(2) R の 0 以外の元はすべて可逆元である．つまり，$R^\times = R - \{0\}$ が成り立つ．

例 6.32 $\mathbb{Q}$ や $\mathbb{R}$，$\mathbb{C}$ は体であり，$\mathbb{Q}$ を **有理数体**，$\mathbb{R}$ を **実数体**，$\mathbb{C}$ を **複素数体** とよぶ．一方，$\mathbb{Z}$ は体ではない．

体の定義でも整域の定義と同様に可換環であるという条件を本書では課している．可換環であることを仮定せず，定義 6.31 の (2) だけをみたす環を **斜体** というが，本書では扱わない（章末の演習問題の演習 3 に例だけあげている）．

命題 6.30 より，整域と体には次の関係がある．

6.1 環 の 定 義

系 6.33 体は整域である.

$\mathbb{Z}$ は整域であるが体ではないので,命題 6.33 の逆は一般に成り立たない.一方,例 6.12 で与えた $\mathbb{Z}$ の剰余環 $\mathbb{Z}/m\mathbb{Z}$ については次が成り立つ.

命題 6.34 m を 2 以上の整数とする.このとき,次の 3 条件は同値である.
(1) m は素数である.
(2) $\mathbb{Z}/m\mathbb{Z}$ は体である.
(3) $\mathbb{Z}/m\mathbb{Z}$ は整域である.

証明 m を素数とする.$\overline{0}$ でない任意の $\overline{a} \in \mathbb{Z}/m\mathbb{Z}$ をとれば,$\overline{a} = a + m\mathbb{Z}$ に含まれる元はすべて m と互いに素であり,系 3.17 より $ak + ml = 1$ となる $k, l \in \mathbb{Z}$ が存在する.これを法 m で見れば,$\overline{a}\overline{k} = \overline{1}$ を得る.よって,$\overline{0}$ 以外の元は可逆であるので,(1) ⇒ (2) が示せた.また,(2) ⇒ (3) は系 6.33 より直ちに従う.

最後に (3) ⇒ (1) を示す.対偶をとれば,m が素数でない,つまり,合成数ならば,$\mathbb{Z}/m\mathbb{Z}$ は整域でないことを示せばよい.m を合成数とすると,ある $s, t \in \mathbb{Z}$ ($1 < s, t < m$) があって,$m = st$ と書ける.このとき,$\overline{s} \neq \overline{0}$ かつ $\overline{t} \neq \overline{0}$ であるが,$\overline{s}\overline{t} = \overline{m} = \overline{0}$ となるので,$\overline{s}$ と $\overline{t}$ は $\overline{0}$ でない零因子となる.よって,$\mathbb{Z}/m\mathbb{Z}$ は整域ではない. □

命題 6.34 により $\mathbb{Z}/m\mathbb{Z}$ では系 6.33 の逆も成り立っている.実は,このことはより一般的な命題からも従う.有限個の元からなる整域を**有限整域**とよぶ.このとき次が成り立つ.

命題 6.35 有限整域は体である.

証明 R を有限整域とし,$a \in R$ を 0 でない任意の元とする.また,$R \ni b \mapsto ab \in R$ という a 倍写像を f とする.整域では簡約律が成り立つので,$a \neq 0$ のとき $ab = ac$ ならば $b = c$ である.つまり,f は単射である.R は有限であるので,f は全単射となる.したがって,とくに $ab = 1 \in R$ となる $b \in R$ が存在する.よって,0 以外の元はすべて可逆元である.整域は可換環であるので,以上より R は体である. □

有限個の元からなる体を**有限体**という．系 6.33 と命題 6.35 より有限整域であることと有限体であることは同値である．p を素数とすると，命題 6.34 より $\mathbb{Z}/p\mathbb{Z}$ は有限体である．$\mathbb{Z}/p\mathbb{Z}$ は p 個の元からなる体であるので，とくに **p 元体**とよび，$\mathbb{F}_p$ と表す．

6.2 部 分 環

R を環とする．R の単位元 1_R を含む部分集合 T が R と同じ演算で環になるとき，T を R の**部分環** (subring) という．また，R が体であり，R の部分環 T が（部分環としてもつ R と同じ演算で）体になるとき，T を R の**部分体** (subfield) という．このとき，部分環の零元と単位元は，そのみたすべき条件と存在の一意性により，それぞれ環 R の零元と単位元に一致する．

注意 6.36 環 R において R 自身は R の部分環である．一方，零元だけからなる零環 T は R の部分集合となる環であるが，零環は 1_R を含まないので（実際，$1_T = 0_T = 0_R \neq 1_R$ であるので），R の部分環ではない．環の定義や部分環の定義の仕方によっては，零環は任意の環の部分環となることもあるので，命題の主張を確認する場合にはそれぞれの文献で採用されている定義を確認して欲しい．

例 6.37 $\mathbb{Z} \subset \mathbb{Q} \subset \mathbb{R} \subset \mathbb{C}$ はすべて $\mathbb{C}$ の通常の加法と乗法に関して環であり，この包含関係により小さい環は大きい環の部分環になる．また，$\mathbb{Q} \subset \mathbb{R} \subset \mathbb{C}$ についてはこの包含関係によりそれぞれが体と部分体の関係になる．

例 6.38 正の実数全体の集合 $\mathbb{R}_{>0}$ は通常の加法に関する逆元をもたないので環ではない．とくに，$\mathbb{R}_{>0}$ は $\mathbb{R}$ の部分集合であるが $\mathbb{R}$ の部分環ではない．

次に，$s, t \in \mathbb{R}_{>0}$ に対して，
$$s \dot{+} t = st\ (\text{実数の通常の積}), \quad s \dot{\times} t = s^{\log t}\ (= t^{\log s})$$

と定める．このとき，$\dot{+}$ を加法，$\dot{\times}$ を乗法として，$\mathbb{R}_{>0}$ は体になることがわかる．ここで，加法 $\dot{+}$ に関する零元は 1 であり，$s \in \mathbb{R}_{>0}$ の加法 $\dot{+}$ に関する逆元は $\frac{1}{s}$ である．また，乗法 $\dot{\times}$ に関する単位元は自然対数の底 e であり，零元である 1 以外の $s \in \mathbb{R}_{>0}$ の乗法 $\dot{\times}$ に関する逆元は $e^{\frac{1}{\log s}}$ である．$\mathbb{R}_{>0}$ は $\mathbb{R}$ の部分集合かつ体となるが，$\mathbb{R}_{>0}$ のこの演算は，$\mathbb{R}$ の通常の加法と乗法とは異なるので，$(\mathbb{R}_{>0}, \dot{+}, \dot{\times})$ は $\mathbb{R}$ の部分体とは言わない．なお，$(\mathbb{R}_{>0}, \dot{+}, \dot{\times})$ では，

実数の通常の積が加法を与える演算になっているが,実は $s \dotplus t = e^{\log s + \log t}$, $s \dot\times t = e^{\log s \log t}$ となっており,この表示からも体になることは容易にわかる.

実際に部分環であることを調べるときには,次の命題で与える同値な条件を一つ調べれば十分である.

定理 6.39(部分環の判定定理) R を環,T を R の空でない部分集合とする.このとき次の3条件は同値である.
  (1) T は R の部分環である.
  (2) T は次の4条件をみたす.
   (a) $a, b \in T$ ならば $a + b \in T$ (T は加法に関して閉じている),
   (b) $a \in T$ ならば $-a \in T$,
   (c) $a, b \in T$ ならば $ab \in T$ (T は乗法に関して閉じている),
   (d) $1_R \in T$.
  (3) T は次の3条件をみたす.
   (a) $a, b \in T$ ならば $a - b \in T$ (T は減法に関して閉じている),
   (b) $a, b \in T$ ならば $ab \in T$ (T は乗法に関して閉じている),
   (c) $1_R \in T$.

[証明] 部分環は R の演算に関して閉じており,加法に関する逆元と乗法に関する単位元が存在するので,(1) $\Rightarrow$ (2) が成り立つ.

(2) が成り立つとし,$a, b \in T$ とする.(2) の (b) より $-b \in T$ である.よって,(2) の (a) より $a - b = a + (-b) \in T$ となり,(3) の (a) が成り立つ.したがって,(2) $\Rightarrow$ (3) を得る.

(3) が成り立つとする.(3) の (a) と (c) より $0_R = 1_R - 1_R \in T$ となり,T は零元をもつ.また,任意の $a \in T$ について,$0_R \in T$ より $-b = 0_R - b \in T$ となり,$a \in T$ の加法に関する逆元も存在する.さらに,任意の $a, b \in T$ について,$-b \in T$ であったので,$a + b = a - (-b) \in T$ となり,T は加法に関して閉じている.(3) の (b) と (c) より T は乗法に関して閉じていて,単位元をもつ.また,$T \subset R$ であるので,T において加法と乗法の結合律,加法の交換律,それに分配律が成り立つ.以上より,T は R と同じ演算で環になる.した

がって，(3) ⇒ (1) が示せた． □

注意 6.40 定理 6.39 の (2) の (a) と (b)，および，(3) の (a) は，環の加法に注目すれば，部分環は部分群であるということを意味する（定理 4.35 参照）．

例 6.41 2 次の全行列環 $M(2,\mathbb{R})$ の部分集合 T を

$$T = \left\{ \begin{pmatrix} a & -b \\ b & a \end{pmatrix} \,\middle|\, a,b \in \mathbb{R} \right\}$$

とおく．このとき，和をとっても，(-1) 倍をしても，積をとっても T の元であることが直ちにわかる．また，$a=1, b=0$ とすれば，乗法に関する単位元である単位行列になるので，定理 6.39 より T は $M(2,\mathbb{R})$ の部分環である．$M(2,\mathbb{R})$ は非可換環であるが，T は可換環となることも簡単な計算で確かめられる．さらに，T の元の行列式は a^2+b^2 であるので，零行列以外の T の元は逆行列をもち，その逆行列も T の元となる．したがって，T は体であることがわかる．

部分環に関する命題を一つ与えておく．

命題 6.42 次が成り立つ．
 (1) 可換環の部分環は可換環である．
 (2) 整域の部分環は整域である．
 (3) 体の部分環は整域である．

証明 可換性や整域性は全体で成り立てばその部分集合でも成り立つので，(1) と (2) は直ちに従う．また，体は整域であるので，(2) より (3) も従う． □

命題 6.42 において，体の部分環は整域であるが，体になるとは限らない．たとえば，$\mathbb{Z}$ は有理数体 $\mathbb{Q}$ の部分環であるが体ではない．次の例は複素数体 $\mathbb{C}$ の体でない部分環であり，$\mathbb{Z}$ と類似した重要な整域である．

例 6.43 i を虚数単位とする．複素数体 $\mathbb{C}$ の部分集合

$$\mathbb{Z}[i] = \{ a+bi \mid a,b \in \mathbb{Z} \}$$

について，$\mathbb{Z}[i]$ の元の（複素数の通常の）差と積は再び $\mathbb{Z}[i]$ の元であり，$1 \in \mathbb{Z}[i]$

であるので，定理 6.39 より $\mathbb{Z}[i]$ は $\mathbb{C}$ の部分環である．よって，命題 6.42 より $\mathbb{Z}[i]$ は整域である．この整域を**ガウス整数環**とよぶ．

$\mathbb{Z}[i]$ の可逆元について調べてみる．$\alpha = a+bi \in \mathbb{Z}[i]^{\times}$ とする．このとき，ある $\beta \in \mathbb{Z}[i]$ が存在して $\alpha\beta = 1$ となる．この両辺の絶対値をとり 2 乗すれば，$|\alpha|^2|\beta|^2 = 1$ を得るが，$\mathbb{Z}[i]$ の元の絶対値の 2 乗は 0 以上の整数であるので，$|\alpha|^2 = 1$ でなければならない．つまり，$a^2 + b^2 = 1$ である．したがって，$\alpha = \pm 1$ または $\pm i$ のいずれかである．そして，これら 4 つの元が実際にいずれも $\mathbb{Z}[i]$ の可逆元であることはすぐにわかる．とくに $\mathbb{Z}[i]$ の単元群は

$$\mathbb{Z}[i]^{\times} = \{\,\pm 1, \pm i\,\}$$

である．

多項式環

ここでは環の重要な例である多項式環についてその基本事項から除法定理までを述べる．すでに，例 6.11 で $\mathbb{R}$ 係数の多項式全体の集合 $\mathbb{R}[x]$ が多項式の通常の加法と乗法について可換環になることをみた．$\mathbb{R}$ を可換環 R に置き換えて，R の元を係数とする多項式の全体について考えていく．

以下，R を可換環とし，x を不定元とする．このとき，

$$f(x) = a_n x^n + \cdots + a_1 x + a_0 \quad (n \in \mathbb{N} \cup \{0\},\ a_0, \ldots, a_n \in R)$$

を R 係数の（x に関する 1 変数）**多項式**，または，R 上の（1 変数）多項式とよぶ．ここで，$x^0 = 1$ である．R 上の多項式全体の集合を $R[x]$ で表す：

$$R[x] = \left\{ f(x) = \sum_{i=0}^{n} a_i x^i \ \middle|\ n \in \mathbb{N} \cup \{0\},\ a_0, \ldots, a_n \in R \right\}.$$

$f(x) = \sum_{i=0}^{n} a_i x^i \in R[x]$ について，$a_n \neq 0$ であるとき，n を $f(x)$ の**次数**といい，$\deg f(x)$ または $\deg(f)$ と表す．また，a_n を $f(x)$ の**最高次の係数**という．たとえば，$a \in R$, $a \neq 0$ とするとき，多項式 $f(x) = a$ の最高次の係数は定数項 a であり，$\deg(f) = 0$ となる．このような多項式を **0 次多項式**，または，零でない定数多項式という．一方，$f(x) = 0$ は**零多項式**とよばれる．零多項式はすべての係数が 0 であるので，この定義から次数は定まらない．そこで，形式的に $\deg(0) = -\infty$ とおく．零多項式と 0 次多項式を合わせて**定数多項式**

とよぶ.

R 上の多項式は通常の多項式の和（同じ次数の項を加える）と積（分配律に従い展開し同じ次数の項をまとめる）をもち，これにより $R[x]$ に加法と乗法の演算が定まる．この 2 つの演算を具体的に式で表すと，$f(x) = \sum_{i=0}^{n} a_i x^i$, $g(x) = \sum_{i=0}^{m} b_i x^i \in R[x]$ に対して，

$$f(x) + g(x) = \sum_{i=0}^{\max(m,n)} (a_i + b_i) x^i,$$

$$f(x) \cdot g(x) = \sum_{j=0}^{m+n} c_j x^j, \quad ただし \ c_j = \sum_{k=0}^{j} a_k b_{j-k}$$

となる．ここで，max は大きい方の値をとる関数であり，未定義の a_i や b_i は 0 とする．この演算に関して，加法と乗法の結合律と交換律，および，分配律が成り立つことは計算により確かめることができる．また，$R[x]$ の零元は R の零元であり，$f(x) \in R[x]$ の加法に関する逆元は $-f(x)$, さらに，$R[x]$ の単位元は R の単位元であるので，$R[x]$ は可換環となる．この $R[x]$ を R 上の **1 変数多項式環**，または，単に R 上の**多項式環**という．R 自身は $R[x]$ の中で差でも積でも閉じており，R と $R[x]$ の単位元は一致するので，R は $R[x]$ の部分環である．以上より次の定理を得る．

定理 6.44 R を可換環とするとき，次が成り立つ．
(1) $R[x]$ は可換環である．
(2) R は $R[x]$ の部分環である．

注意 6.45 本書では R を可換環としたが，R が可換でない環のときにも同様にして $R[x]$ は環になることが確かめられる．定理 6.44 を確かめる際には，その点にも注意して確認してみるとよい．

$a \in \mathbb{N} \cup \{0\}$ と $-\infty$ について，$-\infty \leq a, (-\infty) + a = a + (-\infty) = -\infty$ かつ $(-\infty) + (-\infty) = -\infty$ と規約すれば，多項式の次数について次が成り立つ．

命題 6.46 R を可換環，$f(x), g(x) \in R[x]$ とするとき，次が成り立つ．
(1) $\deg(f+g) \leq \max(\deg(f), \deg(g))$ が成り立つ．また $\deg(f) \neq \deg(g)$

ならば，$\deg(f+g) = \max(\deg(f), \deg(g))$ となる．
(2) $\deg(fg) \leq \deg(f) + \deg(g)$ が成り立つ．
(3) $f(x)$ または $g(x)$ のどちらかの最高次の係数が零因子でなければ，$\deg(fg) = \deg(f) + \deg(g)$ となる．とくに R が整域ならば，$\deg(fg) = \deg(f) + \deg(g)$ である．

証明 (1) と (2) は最高次の係数に注目すれば従う．(3) については，$a \in R$ が零因子でなければ，0 以外の元 $b \in R$ との積は $ab \neq 0$ であるので，$f(x)g(x)$ の最高次の項は消えずに残り，等号が成り立つ． □

多項式の次数の関係より次の命題が得られる．

命題 6.47 R を整域とするとき，次が成り立つ．
(1) $R[x]$ は整域である．
(2) $R[x]^\times = R^\times$ である．

証明 (1) 命題 6.46 の (3) より，R が整域であれば 0 でない多項式の積は 0 にはならないので，$R[x]$ は整域である．
(2) $f(x) \in R[x]^\times$ とすると，$f(x)g(x) = 1$ となる $g(x) \in R[x]$ が存在する．よって，命題 6.46 より $\deg(f) + \deg(g) = \deg(fg) = \deg(1) = 0$ となるので，$\deg(f) = \deg(g) = 0$ が得られる．したがって，f は零でない定数多項式，つまり，$R[x]^\times \subset R^\times$ である．$R^\times$ の元は $R[x]$ でも可逆であるので逆向きの包含関係も成り立ち，$R[x]^\times = R^\times$ が従う． □

多項式環は $\mathbb{Z}$ との類似点が多い．整数の除法定理についても割る多項式の最高次の係数が R の単元であれば次が成り立つ．

定理 6.48 可換環 R 上の多項式環 $R[x]$ において，$f(x), g(x) \in R[x]$ とし，$g(x)$ の最高次の係数は R の単元であるとする．このとき，

$$f(x) = g(x)h(x) + r(x), \quad \deg r(x) < \deg g(x)$$

となる $h(x), r(x) \in R[x]$ がただ一組存在する．

証明 もし $f(x) = g(x)h(x)$ となる $h(x) \in R$ が存在すれば，$r(x) = 0$ として定理の主張は成り立つ．そこで，$f(x) = g(x)h(x)$ となる $h(x) \in R$ が存在しないとする．このとき $S = \{f(x) - g(x)h(x) \mid h(x) \in R[x]\}$ とおくと，S に属する元の次数は 0 以上の整数であるので，次数が最小となる多項式 $r(x) = f(x) - g(x)h(x) \in S$ が存在する．この多項式 $r(x)$ について $\deg r(x) < \deg g(x)$ であれば，存在についての主張は成り立つ．そこで，仮に $n = \deg r(x) \geq \deg g(x) = m$ であるとし，

$$g(x) = a_m x^m + \cdots + a_1 x + a_0, \quad r(x) = b_n x^n + \cdots + b_1 x + b_0$$

とおく．このとき，a_m は R の単元より $h_0(x) = a_m^{-1} b_n x^{n-m}$ とおくと，$h_0(x) \in R[x]$ であり，

$$r_1(x) = r(x) - g(x)h_0(x)$$

とおけば，$\deg r_1(x) \leq n - 1 < \deg r(x)$ となる．しかしながら，

$$r_1(x) = f(x) - g(x)(h(x) + h_0(x)) \in S$$

であるので，これは $r(x)$ の選び方に矛盾する．よって，$\deg r(x) < \deg g(x)$ を得る．したがって，$h(x), r(x)$ の存在が示せた．

次に一意性を示す．2 組以上の $h(x), r(x)$ が存在したとし，そのうちの 2 組を $h_1(x), r_1(x) \in R[x]$ と $h_2(x), r_2(x) \in R[x]$ とする：

$$f(x) = g(x)h_1(x) + r_1(x), \quad \deg r_1(x) < \deg g(x),$$
$$f(x) = g(x)h_2(x) + r_2(x), \quad \deg r_2(x) < \deg g(x).$$

このとき，$g(x)(h_1(x) - h_2(x)) = r_2(x) - r_1(x)$ となる．ここで，仮に $h_1(x) - h_2(x) \neq 0$ とすると，命題 6.30 より単元は零因子ではないので，命題 6.46 の (3) より $\deg(g(h_1 - h_2)) = \deg(g) + \deg(h_1 - h_2) \geq \deg(g) > \max(\deg(r_1), \deg(-r_2)) \geq \deg(r_2 - r_1)$ となり矛盾が生じる．よって，$h_1(x) - h_2(x) = 0$，つまり，$h_1(x) = h_2(x)$ であり，同時に $r_1(x) = r_2(x)$ が従い，一意性も示せた． □

最高次の係数が 1 である多項式を**モニック多項式**という．モニック多項式の

最高次の係数 1 は単元であるので，定理 6.48 の $g(x)$ としてとくに一次のモニック多項式 $x-a$ をとれば次の系が得られる．

系 6.49（因数定理） $R[x]$ を可換環 R 上の多項式環とし，$a \in R$ とする．このとき，任意の $f(x) \in R[x]$ に対して

$$f(x) = (x-a)h(x) + r$$

となる $h(x) \in R[x]$ と $r \in R$ が存在し，$r = f(a)$ となる．とくに，

$$f(x) \text{ が } x-a \text{ で割り切れる} \iff f(a) = 0$$

が成り立つ．ここで，$f(x)$ が $x-a$ で割り切れるとは，$f(x) = (x-a)h(x)$ となる $h(x) \in R[x]$ が存在することである．

問 6.50 整域 R 上の 0 でない n 次の多項式は R において n 個より多くの相異なる根をもたないことを示せ．

ここまでは可換環 R 上の多項式環 $R[x]$ を扱ってきたが，R が体である場合，つまり，体上の多項式環では，定理 6.48 のように割る多項式に制限を与えなくとも，$\mathbb{Z}$ のときと全く同様に除法定理が成り立つ．

定理 6.51（多項式の除法定理） K を体とし，$K[x]$ を K 上の多項式環とする．このとき，$f(x), g(x) \in K[x]$, $g(x) \neq 0$ について，

$$f(x) = g(x)h(x) + r(x), \quad \deg r(x) < \deg g(x)$$

となる $h(x), r(x) \in K[x]$ がただ一組存在する．

証明 $g(x) \neq 0$ の最高次の係数は 0 でない K の元であり，よって，K の単元である．したがって，定理の主張は定理 6.48 より直ちに従う． □

不定元が複数ある多項式についても多項式環が定義できる．R を可換環，$x_1, \ldots, x_n$ を互いに独立した不定元とする．R 上の x_1 に関する多項式環を $R_1 = R[x_1]$ とする．多項式環 R_1 も可換環であるので，R_1 上の x_2 に関する多項式環として $R_2 = R_1[x_2] = (R[x_1])[x_2]$ が得られる．以下同様にして，

$R_n = R_{n-1}[x_n]$ が定義できる．このとき，$R \subset R_1 \subset \cdots \subset R_n$ であり，とくに R は R_n の部分環と見なすことができる．一方，不定元 $x_1, \ldots, x_n$ に関する n 変数多項式

$$f(x_1, \ldots, x_n) = \sum_{\text{有限和}} a_{i_1 \cdots i_n} x_1^{i_1} \cdots x_n^{i_n} \quad (a_{i_1 \cdots i_n} \in R,\ i_j \geq 0)$$

の全体 $R[x_1, \ldots, x_n]$ は，n 変数多項式の通常の和と積によって可換環をなし，$R[x_1, \ldots, x_n]$ と R_n は自然な対応で同一視できる（$a \in R$ は $ax_1^0 \cdots x_n^0$ と同一視する）．そこで，$R_n = R[x_1, \ldots, x_n]$ と書き表し，R_n を R 上の n 個の不定元 $x_1, \ldots x_n$ に関する多項式環または R 上の n 変数**多項式環**という．

多項式環には他にも重要な性質がある．体上の 1 変数多項式環については 6.8 節から 6.10 節で $\mathbb{Z}$ と類似する性質を述べ，また，$\mathbb{Z}$ 上の 1 変数多項式環については 6.10 節の最後に特徴的な性質を紹介する．

商　体

この小節では，整域があればそれを含む体が存在することを述べる．

R を整域とし，R と $R - \{0\}$ の直積集合を

$$W = R \times (R - \{0\}) = \{(a, b) \mid a \in R,\ b \in R - \{0\}\}$$

とおく．このとき，$(a, b), (c, d) \in W$ に対して，

$$(a, b) \sim (c, d) \iff ad = bc$$

により関係 $\sim$ を定めると，この関係 $\sim$ は同値関係となることがわかる．そこで，W の関係 $\sim$ による同値類全体を $K = W/\sim$ とし，(a, b) を含む同値類を $\overline{(a, b)}$ で表す．ここで，$\overline{(a, b)}, \overline{(c, d)} \in K$ について，

$$\overline{(a, b)} + \overline{(c, d)} = \overline{(ad + bc, bd)}, \quad \overline{(a, b)} \cdot \overline{(c, d)} = \overline{(ac, bd)}$$

により和と積を定める．実際，"$a \neq 0$ かつ $b \neq 0$ ならば $ab \neq 0$" よりこれらの右辺は K の元を与えており，さらに，$(a, b) \sim (a', b')$ かつ $(c, d) \sim (c', d')$ ならば $(ad + bc, bd) \sim (a'd' + b'c', b'd')$ かつ $(ac, bd) \sim (a'c', b'd')$ が確かめられるので，この和と積は代表元のとり方に依らず K 上で定義できる．このとき，

この加法と乗法は結合律と交換律，および，分配律をみたし，零元は $\overline{(0,1)}$，単位元は $\overline{(1,1)}$ であり，$\overline{(a,b)}$ の加法に関する逆元は $\overline{(-a,b)}$，さらに $a \neq 0$（つまり，$\overline{(a,b)}$ が零元でない）ならば $\overline{(a,b)}$ の乗法に関する逆元は $\overline{(b,a)}$ であることが簡単な計算によって確かめられる．よって，K は体となる．ここで，$\overline{(a,b)}$ を $\frac{a}{b}$ で表せば，上で定義した和と積は，

$$\frac{a}{b} + \frac{c}{d} = \frac{ad+bc}{bd}, \quad \frac{a}{b} \cdot \frac{c}{d} = \frac{ac}{bd}$$

となり，慣れ親しんでいる分数の和と積と同じ規則である．また，$\overline{(a,1)} = \overline{(b,1)} \iff a=b$ であるので，$a \in R$ と $\frac{a}{1} \in K$ は一対一に対応し，a と $\frac{a}{1}$，b と $\frac{b}{1}$ の対応に合わせて，和に関しては $a+b$ と $\frac{a}{1} + \frac{b}{1}$，積に関しては ab と $\frac{a}{1} \cdot \frac{b}{1}$ がそれぞれ対応している（これを 6.5 節で述べる用語を用いて言い換えれば，R から K への単準同型写像 φ が存在することとなる）．したがって，$a \in R$ と $\frac{a}{1} \in K$ を同一視することによって，R は K の部分環と見なすことができる．この K を整域 R の **商体** とよぶ（先の R から K への単準同型写像 φ により K の任意の元は $\frac{\varphi(a)}{\varphi(b)}$ $(a,b \in R, b \neq 0)$ と書ける）．

なお，体は 0 以外の零因子をもたないので，整域でなければ体の部分環にはならない（命題 6.42 参照）．

例 6.52　$\mathbb{Q}$ は $\mathbb{Z}$ の商体である．

例 6.53　体 K 上の多項式環 $K[x]$ の商体を $K(x)$ で表し，K 上の（1 変数）**有理関数体** という．$K(x)$ の元は，有理式とよばれる $\frac{f(x)}{g(x)}$ $(f(x), g(x) \in K[x],$ $g(x) \neq 0)$ となる形の式全体の集合となる．

6.3 イデアル

この節では重要な概念であるイデアルについて述べる．イデアルは初学者にはわかりにくい対象であるが，歴史的には理想数 (ideale Zahl) という，数に代わる概念として登場したものであり，イデアルとは理想数に由来し名付けられたものである．まずはじめにイデアルの定義を与えよう．

定義 6.54 R を環とする．R の空でない部分集合 I が次の 2 条件をみたすとき，I を R の**左イデアル**という．

(1) 任意の $a, b \in I$ に対して $a + b \in I$ となる．
(2) 任意の $a \in I$ と $r \in R$ に対して $ra \in I$ となる．

また，条件 (2) の代わりに，次の条件 (2′) をみたすとき，I を R の**右イデアル**という．

(2′) 任意の $a \in I$ と $r \in R$ に対して $ar \in I$ となる．

さらに，I が左イデアルかつ右イデアルであるとき，I を R の**両側イデアル**，または，単に**イデアル** (ideal) という．

R が可換環のときは，左イデアルは右イデアルであり，右イデアルは左イデアルとなるので，右左の区別なくすべて両側イデアルとなる．

注意 6.55 部分環の定義において部分環が 1_R を含むことを要請していなければ，イデアルは部分環である，という命題が成り立つ．しかし，本書では部分環に 1_R を含むことを条件として課しているので，この命題は成り立たない．

イデアルは加法だけに注目すれば部分群である．このことが明確になるようにイデアルであることの同値条件を述べておく．

定理 6.56 R を環とし，I を R の空でない部分集合とする．このとき，次の 3 条件は同値である．

(1) I は左イデアル（右イデアル）である．
(2) I は次の 2 条件をみたす．
  (a) R を加法群とみたとき，I は R の部分群である，すなわち，任意の $a, b \in I$ に対して $a + b \in I$ かつ $-a \in I$ となる．
  (b) 任意の $a \in I$ と $r \in R$ に対して $ra \in I$ $(ar \in I)$ となる．
(3) I は次の 2 条件をみたす．
  (a) 任意の $a, b \in I$ に対して $a - b \in I$ となる．
  (b) 任意の $a \in I$ と $r \in R$ に対して $ra \in I$ $(ar \in I)$ となる．

証明 どの同値性も示すべきことは定義 6.54 の条件 (1) の言い換えである．

まず，(2) ⇔ (3) は部分環の判定定理（定理 6.39）の (2) と (3) の関係と同じであるので同様に示せる（部分群の判定定理の (1) と (3) からも直ちに従う）．また，(2) ⇒ (1) は条件を減らしただけなので直ちに従う．その逆については，$-1 \in R$ であるので，定義 6.54 の条件 (2) より，任意の $a \in I$ に対して $-a = (-1) \cdot a \in I$ を得る．よって，(1) ⇒ (2) が従う． □

イデアルは部分環と似ているが，大きな違いは定義 6.54 の条件 (2) または (2′) にある "$r \in R$" という部分である．"$r \in I$" ならば I は単に乗法で閉じているということになり，これは部分環であることの必要条件であるが，イデアルは I に含まれない R の元と I の元との積も I に含まれることを要請している．また，部分環では 1_R を含むことを条件としているが，イデアルでは次が成り立つ．

命題 6.57　R を環とし，I を R の左（右，両側）イデアルとするとき，

$$1_R \in I \iff R = I$$

が成り立つ．

証明　$R = I$ ならば $1_R \in R$ より $1_R \in I$ である．逆に，$1_R \in I$ ならば，イデアルの定義 6.54 の条件 (2) より，任意の $r \in R$ に対して $r = r \cdot 1_R \in I$ となる．つまり，$R \subset I$ であり，$R = I$ となる． □

以下，イデアルの例をいくつか与えておく．

例 6.58　環 R において零元だけからなる集合 $\{0\}$ は R の (両側) イデアルである．また，R 自身も R の (両側) イデアルである．この 2 つのイデアルを R の **自明なイデアル** という．

例 6.59　$\mathbb{Z}$ の部分環 T は，$1 \in T$ をみたし，加法に関して閉じているので，結局 $T = \mathbb{Z}$ となる．つまり，$\mathbb{Z}$ の部分環は $\mathbb{Z}$ 自身だけである．

一方，$\mathbb{Z}$ のイデアル I は，$\mathbb{Z}$ の加法について部分群であるので，定理 4.38 より，ある $m \in \mathbb{Z}$ があって $I = m\mathbb{Z}$ と書ける．すなわち，I はある m の倍数全体の集合となる．逆に，m の倍数の和（や差）は再び m の倍数であり，m の倍数の整数倍も再び m の倍数であるから，$m\mathbb{Z}$ はつねに $\mathbb{Z}$ のイデアルである．

したがって，任意の $m \in \mathbb{Z}$ について $m\mathbb{Z}$ は $\mathbb{Z}$ のイデアルであり，$\mathbb{Z}$ のイデアルはこれらですべてである．

例 6.60 2次の全行列環 $M(2, \mathbb{R})$ において，部分集合

$$I = \left\{ \begin{pmatrix} a & 0 \\ b & 0 \end{pmatrix} \middle| a, b \in \mathbb{R} \right\}$$

は $M(2, \mathbb{R})$ の左イデアルである．しかし，右イデアルではない．一方，$M(2, \mathbb{R})$ の部分集合

$$J = \left\{ \begin{pmatrix} a & b \\ 0 & 0 \end{pmatrix} \middle| a, b \in \mathbb{R} \right\}$$

は $M(2, \mathbb{R})$ の右イデアルである．しかし，左イデアルではない．

一般に n 次の全行列環 $M(n, \mathbb{R})$ において，$1 \leq i \leq n$ となる i を一つ固定し，i 列を除きすべての成分が 0 である正方行列の全体を I とし，i 行を除きすべての成分が 0 である正方行列の全体を J とすれば，I は右イデアルでない左イデアルであり，J は左イデアルではない右イデアルとなる．

さて，左イデアルと右イデアルの定義は R の元を左から掛けるか右から掛けるかだけの違いであるので，左イデアルに関する命題は多少表現を変えれば右イデアルに関しても成り立ち，もちろん，両側イデアルでも成り立つ．そこで，以下では，簡単のために左イデアルについて述べていくことにする．したがって，必要に応じて，左イデアルを右イデアルや両側イデアルと読みかえて欲しい．なお，両側イデアルに関する命題は両側イデアル（または単にイデアル）と記述する．

問 6.61 R を環とし，$I, J, I_i\ (i \in \mathbb{N})$ を R の左イデアルとするとき，次を示せ．
(1) $I \cap J$ は R の左イデアルであり，I と J に含まれる左イデアルのうち最大のものである．
(2) $I \cup J$ は R の左イデアルになるとは限らない．
(3) 共通集合 $\bigcap_i I_i$ は R の左イデアルである．

2つ以上の左イデアルについて，問 6.61 で扱っている共通部分の他にも以下に述べるように和や積を定めて，それが再び左イデアルとなることが示せる．

I と J を環 R の左イデアルとする．このとき，I と J の和を

$$I+J=\{a+b \mid a\in I, b\in J\}$$

と定める．このとき $I\cup J\subset I+J$ である．また，I と J の積は，

$$IJ=\left\{\sum_{i=1}^{n}a_ib_i \;\middle|\; n\in\mathbb{N},\, a_i\in I, b_i\in J\ (i=1,\ldots,n)\right\}$$

と定める．左イデアルの積は群において2つの部分群 H と K に対して定めた HK とは違うことに注意しよう（群では演算は一つであった）．つまり，左イデアルの積は $S=\{ab \mid a\in I, b\in J\}$ ではない．S は和に関して閉じていることが保証されていないので，左イデアルになるとは限らない．そこで，S を含む最小のイデアルをとったものが上で定義した左イデアルの積になる（次の問参照）．

問 6.62 R を環とし，$I, J, I_i\ (i=1,\ldots,n)$ を R の左イデアルとする．このとき，次が成り立つことを示せ．
(1) $I+J$ は R の左イデアルであり，I と J を含む左イデアルのうち最小のものである．
(2) IJ は R の左イデアルであり，$S=\{ab \mid a\in I, b\in J\}$ を含む R の左イデアルのうち最小のものである．
(3) I と J が R の両側イデアルであれば，IJ も両側イデアルであり，$IJ\subset I\cap J$ が成り立つ．
(4) R を可換環とし，$I_1,\ldots,I_n$ を R の（両側）イデアルとする．このとき，相異なる i と j について $I_i+I_j=R$ ならば，$I_1\cdots I_n=I_1\cap\cdots\cap I_n$ が成り立つ．

M を環 R の空でない部分集合とするとき，M を含む左イデアルの中で包含関係に関して最小のものを M によって**生成**される左イデアルという．R 自身が M を含む左イデアルであるので，問 6.61 の I_i として M を含む左イデアルをとれば，M によって生成される左イデアルはその共通部分 $\bigcap_i I_i$ であり，唯一つ定まる．とくに M が有限集合ならば次の問の関係が成り立つ．

問 6.63 R を環，$M=\{a_1,\ldots,a_n\}\subset R$ とし，M で生成される左イデアル，右イデアル，両側イデアルをそれぞれ I_l, I_r, I とする．このとき，

$$I_l=Ra_1+\cdots+Ra_n,\ I_r=a_1R+\cdots+a_nR,\ I=Ra_1R+\cdots+Ra_nR$$

となることを示せ．ここで，$a\in R$ に対して

$$Ra=\{ra \mid r\in R\},\ aR=\{ar \mid r\in R\},$$

$$RaR = \left\{ \sum_{i=1}^{n} r_i a s_i \,\middle|\, r_i, s_i \in R, n \in \mathbb{N} \right\}$$

である.

$M = \{a_1, \ldots, a_n\} \subset R$ で生成される左イデアルは $a_1, \ldots, a_n$ で**生成される左イデアル**ともよぶ. とくに, 唯一つの元 $a \in R$ で生成される左イデアルを**単項左イデアル**とよぶ. 上の問の Ra, aR, RaR がそれぞれ $a \in R$ で生成される単項左イデアル, 単項右イデアル, 単項両側イデアルである.

R が可換環のときには, $a_1, \ldots, a_n$ で生成されるイデアルを $(a_1, \ldots, a_n)$ で表す. このとき, 問 6.63 より

$$(a_1, \ldots, a_n) = \{r_1 a_1 + \cdots + r_n a_n \mid r_i \in R\}$$

である. とくに, 唯一つの元 $a \in R$ で生成されるイデアル

$$(a) = \{ra \mid r \in R\}$$

を R の**単項イデアル**という.

> **定義 6.64** 環 R が次の 2 条件をみたすとき, R を**単項イデアル環**という.
> (1) R は可換環である.
> (2) R のすべてのイデアルが単項イデアルである.
> さらに, これに加えて,
> (3) R は整域である.
> をみたすとき, R を**単項イデアル整域** (principal ideal domain) といい, PID と略記して表す.

例 6.65 可換環 R の自明なイデアル $\{0\}$ と R は, $\{0\} = (0)$ と $R = (1)$ となるので, それぞれ R の単項イデアルである.

例 6.66 例 6.59 より, $\mathbb{Z}$ のイデアルは $(m) = m\mathbb{Z}$ ($m \in \mathbb{Z}$) の形であるので, $\mathbb{Z}$ のイデアルはすべて単項イデアルである. よって, $\mathbb{Z}$ は PID である.

問 6.67 I, J を $\mathbb{Z}$ の非自明なイデアルとする. このとき, ある $a, b \in \mathbb{Z}$, $a, b \geq 2$ があって, $I = (a), J = (b)$ と書ける. そこで, $g = \gcd(a, b), l = \operatorname{lcm}(a, b)$ とおく. こ

6.3 イデアル

のとき，$\mathbb{Z}$ において
$$I + J = (g) = g\mathbb{Z}, \quad I \cap J = (l) = l\mathbb{Z}, \quad IJ = (ab) = ab\mathbb{Z}$$
が成り立つことを示せ（この問の最初の2つの関係式は定理 3.16 をイデアルの式と見たものである）．

$\mathbb{Z}$ において，0 以上の整数とイデアルは "$m \in \mathbb{N} \cup \{0\} \leftrightarrow I = (m)$" という一対一対応があるので，整数の積は単項イデアルの積と同一視できる．たとえば，$60 = 2^2 \cdot 3 \cdot 5$ という整数の積は，問 6.67 より，
$$(60) = (2)^2(3)(5)$$
というイデアルの積と対応している．この節の最初でイデアルは理想数とよばれる数に代わる概念として登場したと述べたが，これによりイデアルが"数"として扱えることの一端を垣間見ることができる．

問 6.68 $\mathbb{Z}$ 上の多項式環 $\mathbb{Z}[x]$ のイデアル $(x, 2)$ は単項イデアルでないことを示せ．

問 6.69 R を可換環，$a_1, a_2, b_1, b_2 \in R$ とし，$I = (a_1, a_2)$, $J = (b_1, b_2)$ とする．このとき，
$$I + J = (a_1, b_1, a_2, b_2), \quad IJ = (a_1b_1, a_1b_2, a_2b_1, a_2b_2)$$
となることを示せ．

可換環の単項イデアルについて次が成り立つ．

命題 6.70 R を可換環とし，$a, b \in R$ とするとき，次が成り立つ．
(1) $a \in R^\times \iff (a) = R$.
(2) 次の 2 条件は同値である．
   (a) $(a) \subset (b)$.
   (b) $a = bc$ となる $c \in R$ が存在する．

証明 (1) $a \in R^\times$ ならば，$ba = 1$ となる $b \in R$ が存在するので，$1 = ba \in (a)$ となる．よって，命題 6.57 より $(a) = R$ である．逆に $(a) = R$ であれば，$1 \in (a)$ より $1 = ba$ となる $b \in R$ が存在し，$a \in R^\times$ である．

(2) $(a) \subset (b)$ ならば $a \in (b)$ であるので，$a = bc$ となる $c \in R$ が存在する．逆に，$a = bc$ となる $c \in R$ が存在すれば，$a \in (b)$ である．よって，イデアルの定義より，任意の $r \in R$ に対して $ra \in (b)$ となるので，$(a) \subset (b)$ を得る． □

命題 6.70 により，可換環において単項イデアルの包含関係はその生成元の"約数と倍数"の関係として表現できることがわかる．R が整域であれば，さらに次が成り立つ．

命題 6.71 R を整域，$a, b \in R$ とする．このとき，次の 2 条件は同値である．
(1) $(a) = (b)$.
(2) $a = bu$ となる $u \in R^{\times}$ が存在する．

証明 まず (1) $\Rightarrow$ (2) を示す．$a = 0$ ならば $(a) = \{0\}$ より $b = 0$ であり，どんな可逆元 u についても $0 = 0 \cdot u$ となる．そこで，$a \neq 0$ とする．$(a) = (b)$ ならば $(a) \subset (b)$ かつ $(a) \supset (b)$ であるので，命題 6.70 より $a = bc$ となる $c \in R$ と $b = ad$ となる $d \in R$ が存在する．よって，$a = adc$ である．系 6.24 より整域では簡約律が成り立つので，$a \neq 0$ より $1 = dc$ を得る．つまり，$c, d \in R^{\times}$ である．

逆に，$a = bu$ となる $u \in R^{\times}$ が存在すれば，$a = bu$ かつ $b = au^{-1}$ であるので，命題 6.70 より $(a) \subset (b)$ かつ $(b) \subset (a)$ となる．よって，$(a) = (b)$ である． □

注意 6.72 R が整域でなければ，命題 6.71 の (1) $\Rightarrow$ (2) は成立しない（文献 [5] の例 2.6.2 参照）．

イデアルの様子を調べると可換環が体であるかどうかを判定できる．

命題 6.73 R を可換環とする．このとき，次の 2 条件は同値である．
(1) R は体である．
(2) R は自明でないイデアルをもたない．つまり，R のイデアルは (0) と R だけである．

証明 R を体とし，I を R のイデアルとする．I が零元だけしか含まなければ，$I = (0)$ である．I が零元以外の元を含むとし，それを $a \in I$ とすれば，体の 0 以外の元は可逆であるので，$a \in R^{\times}$ となる．よって，命題 6.70 より $R = (a) \subset I$ となる．つまり，$I = R$ である．したがって，体のイデアルは自明なイデアルだけである．

逆に，R のイデアルは自明なイデアルだけとする．$a \in R$ を 0 でない任意の

元とすれば，単項イデアル (a) について $(a) \neq (0)$ なので，$(a) = R$ が従う．よって，命題 6.70 より $a \in R^{\times}$ となる．したがって，0 以外の任意の元は可逆であるので，R は体である． □

6.4 剰余環

　この節では，前節で定義したイデアルを用いて剰余類を作ると剰余環とよばれる環が得られることを述べる．つまり，イデアルは群における正規部分群と同様の役割を演じる側面をもつ．

　R を環とし，I を R の両側イデアルとする（以下単にイデアルとよぶ）．$a, b \in R$ について，$a - b \in I$ が成り立つとき，a は b と I を法として（法 I で）**合同**であるといい，

$$a \equiv b \pmod{I}$$

と表す．なお，$\equiv$ を含む式を**合同式**とよぶ．合同は群でも導入したが，群における命題 4.64 は環を加法群とみたとき次のように言い換えられる．

命題 6.74 環 R においてイデアル I を法とした合同の関係は同値関係である．すなわち，任意の $a, b, c \in R$ に対して次が成り立つ．

(1)　反射律：$a \equiv a \pmod{I}$．
(2)　対称律：$a \equiv b \pmod{I}$ ならば $b \equiv a \pmod{I}$．
(3)　推移律：$a \equiv b \pmod{I}$ かつ $b \equiv c \pmod{I}$ ならば $a \equiv c \pmod{I}$．

注意 6.75 環のイデアルによる合同の定義は，群の左合同（a と b は逆）を加法で表したものであるが，加法群は可換であるので，それは右合同でもあり，よって，合同である．

　合同は同値関係なので，環 R はイデアル I を法として同値類に類別できる．合同による同値類は**合同類**または**剰余類**ともよぶ．このとき，R のイデアル I を法とする剰余類で $a \in R$ を含む類

$$C(a) = \{ b \in R \mid b \equiv a \pmod{I} \}$$

は具体的に次の形で与えられる．

命題 6.76 R を環, I を R のイデアルとし, $a \in R$ とする. このとき, I を法とする剰余類で a を含む類 $C(a)$ は,

$$a + I = \{a + x \mid x \in I\}$$

である. この $a + I$ は $\bar{a}$ とも表す. つまり, $\bar{a} = a + I = C(a)$ である.

証明 $C(a) = a + I$ を示せばよい. まず, $b \in C(a)$ とすると, $b \equiv a \pmod{I}$ より $b - a \in I$ である. よって, $b - a = x$ となる $x \in I$ が存在する. したがって, $b = a + x \in a + I$ となるので, $C(a) \subset a + I$ を得る. 逆に, $b \in a + I$ とすると, 今の議論はそのまま逆に辿れて, $b \in C(a)$ が示せるので, $C(a) \supset a + I$ も得られる. よって, $C(a) = a + I$ となる. □

環 R のイデアル I を法とする剰余類において, 命題 6.76 より

$$a \equiv b \pmod{I} \iff a + I = b + I$$

が成り立つ. また, a_λ $(\lambda \in \Lambda)$ を R の I を法とする剰余類の完全代表系とするとき, I を法とする剰余類の商集合 R/I は次のように書ける.

$$R/I = \{a_\lambda + I \mid \lambda \in \Lambda\}.$$

次の命題はこの商集合に加法と乗法の演算が自然に導入できることを保証するものである.

命題 6.77 R を環, I をイデアルとし, $a, b, a', b' \in R$ が $a \equiv a' \pmod{I}$ と $b \equiv b' \pmod{I}$ をみたすとき, 次が成り立つ.
 (1) $a \pm b \equiv a' \pm b' \pmod{I}$.
 (2) $ab \equiv a'b' \pmod{I}$.

証明 (1) $(a \pm b) - (a' \pm b') = (a - a') \pm (b - b') \in I$ より従う (和に関する主張は群の定理 4.78 の (3) を加法で書き表したものである).
 (2) $ab - a'b' = (a - a')b + a'(b - b')$ と表せば, I が (両側) イデアルより $(a - a')b, a'(b - b') \in I$ なので, $ab - a'b' \in I$ となることより従う. □

環は加法にだけ注目すれば加法群であるので, 群をすでに学んでいれば I は

6.4 剰余環

R の正規部分群である．よって，この商集合 R/I は加法について剰余群になる．具体的には（群を知らなくとも），$a+I, b+I \in R/I$ について

$$(a+I) + (b+I) = (a+b) + I, \quad \text{つまり} \quad \overline{a} + \overline{b} = \overline{a+b}$$

で和を定めれば，命題 6.77 よりこれは剰余類の代表元のとり方に依らず定まり，この加法で R/I は環の和に関する条件をみたす（つまり，この加法で剰余群になる）．環には乗法もあるが，

$$(a+I) \cdot (b+I) = (ab) + I, \quad \text{つまり} \quad \overline{a} \cdot \overline{b} = \overline{ab} \tag{6.1}$$

で積を定めれば，再び命題 6.77 よりこれも剰余類の代表元のとり方に依らず定まり，上の加法とこの乗法に関して R/I は環になることがわかる．そこで，R/I を R の I による**剰余環**とよぶ．R/I の零元は $\overline{0} = 0 + I = I$ であり，R/I の元 $\overline{a} = a + I$ の加法に関する逆元は $-\overline{a} = \overline{-a} = (-a) + I$ である．また，R/I の単位元は $\overline{1} = 1 + I$ である．

注意 6.78 R を環，I を左（右）イデアルとしても，命題 6.74 は成り立ち，命題 6.77 の (1) も正しい．しかし，命題 6.77 の (2) をみたすためには，I が両側イデアルでなければならない．つまり，

$$R/I \text{ に (6.1) で矛盾なく積が定まる} \iff I \text{ が両側イデアル}$$

が成り立つ．なぜならば，命題 6.77 の (2) をみたすならば，とくに $b \in I$ とすれば，$b' = 0$ とできて，任意の $a \in R$ に対して $ab \in I$ となり，また $a \in I$ とすれば，$a' = 0$ とできて，任意の $b \in R$ に対して $ab \in I$ となるので，I は左イデアルかつ右イデアルとなるからである．よって，I が両側イデアルでないときには，この自然な和と積による剰余環 R/I は定義できない．ただし，I が両側イデアルでないときにも加法について R/I は剰余群であり，本書では扱わないが左（右）R 加群とよばれる代数系としての構造をもつ．

例 6.79 環 R の自明なイデアルは零イデアル $\{0\}$ と R 自身であった．この自明なイデアルによる剰余環は，$R/\{0\} = R$ と $R/R = \{\overline{0}\}$ である．環といえば零環でない環を意味することと約束したが，剰余環 R/R を考えれば必然的に零環は現れる．

例 6.80 $\mathbb{Z}$ のイデアル I は，例 6.59 で述べたようにある $m \in \mathbb{Z}$ があって $I = (m) = m\mathbb{Z}$ と表せる．I が自明でないイデアル，つまり，$I \neq (0)$ かつ

$I \neq \mathbb{Z}$ であれば，m は 2 以上の整数がとれて，$a, b \in \mathbb{Z}$ に対して，$a - b \in I$ となることと $m \mid a - b$ となることは同値となる．つまり，I による合同は m を法とする合同と一致し，$\mathbb{Z}/I = \mathbb{Z}/m\mathbb{Z}$ であり，これはまさに例 6.12 で登場した剰余環である．このとき剰余類の代表元として $0, 1, \cdots, m-1$ がとれるので，$\mathbb{Z}/I = \mathbb{Z}/m\mathbb{Z} = \{\overline{0}, \overline{1}, \cdots \overline{m-1}\}$ と表せる．

なお，$I = \mathbb{Z}$ のときには，$I = (1)$ であるので，生成元として $m = 1$ がとれて，剰余環 $\mathbb{Z}/I = \mathbb{Z}/\mathbb{Z} = \{\overline{0}\}$ は $m = 1$ を法とした剰余環となる．ここで，$\overline{0} = 0 + \mathbb{Z} = \mathbb{Z}$ であり，任意の整数同士は 1 を法として合同である．また，$I = (0)$ のときには，$a, b \in \mathbb{Z}$ について "$a \neq b \Leftrightarrow a - b \notin I = (0)$" であり，$\mathbb{Z}/I = \mathbb{Z}/(0) = \mathbb{Z}$ となる．

問 6.81 m を 2 以上の整数とするとき，剰余環 $\mathbb{Z}/m\mathbb{Z}$ の単元群 $(\mathbb{Z}/m\mathbb{Z})^{\times}$ は
$$(\mathbb{Z}/m\mathbb{Z})^{\times} = \{\overline{a} \in \mathbb{Z}/m\mathbb{Z} \mid 1 \leq a \leq m-1, \ \gcd(a, m) = 1\}$$
となることを示せ．この $(\mathbb{Z}/m\mathbb{Z})^{\times}$ を $\mathbb{Z}$ の法 m による**既約剰余類群**という．

例 6.82 $\mathbb{R}[x]$ を $\mathbb{R}$ 上の多項式環，$I = (x^2 + 1)$ を $\mathbb{R}[x]$ の単項イデアルとすると，剰余環 $\mathbb{R}[x]/I = \mathbb{R}[x]/(x^2+1)$ が得られる．$\mathbb{R}[x]/(x^2+1)$ の元は多項式を $x^2 + 1$ で割った余りを代表元としてとれるので，$\overline{a + bx}$ $(a, b \in \mathbb{R})$ の形で表すことができる．このとき，$\mathbb{R}[x]/(x^2+1) \ni \overline{a+bx}, \overline{c+dx}$ について，$\overline{x^2} = \overline{-1}$ であることに注意すれば，

$$\overline{a+bx} + \overline{c+dx} = \overline{(a+c) + (b+d)x}$$
$$\overline{a+bx} \cdot \overline{c+dx} = \overline{(ac-bd) + (ad+bc)x}$$

となる．とくに，零元は $\overline{0+0x} = \overline{0}$, 単位元は $\overline{1+0x} = \overline{1}$, $\overline{a+bx}$ の加法に関する逆元は $\overline{-a-bx}$ である．ここでさらに，$\overline{a+bx} \neq \overline{0}$ ならば，$\overline{a+bx}$ の乗法に関する逆元は

$$\overline{\frac{a}{a^2+b^2} - \frac{b}{a^2+b^2}x}$$

となることも簡単な計算でわかる．よって，とくに剰余環 $\mathbb{R}[x]/(x^2+1)$ は体である．

6.5 環の準同型写像

前節までにおいて $\mathbb{Z}$ や $\mathbb{R}$ に共通する法則や性質から環の定義を与え，$\mathbb{Z}$ や $\mathbb{R}$ 以外にもいろいろな環が存在することをみてきた．これらの環を単独に考えるだけでなく，互いの関係を知ることも環を理解する上では重要である．その互いの関係を調べるときに役立つ道具が次の準同型写像である．

> **定義 6.83（環の準同型写像）** 環 R から環 R' への写像 $f : R \to R'$ が任意の $a, b \in R$ に対して
> (1) $f(a+b) = f(a) + f(b)$,
> (2) $f(ab) = f(a)f(b)$,
> (3) $f(1_R) = 1_{R'}$
> をみたすとき，f を R から R' への環の**準同型写像**（ring homomorphism），または，単に（環の）**準同型**という．また，環の準同型写像 f が単射であるとき（環の）**単準同型（写像）**，全射であるとき（環の）**全準同型（写像）**といい，さらに，全単射であるときには f を（環の）**同型写像**（ring isomorphism）または（環の）**同型**という．環は加法群でもあるので，群準同型（写像）や群同型（写像）と区別するために，**環準同型（写像）**や**環同型（写像）**とよぶこともある（本書ではこの言い方を多用している）．

2 つの環の橋渡しをするのが写像である．環は加法と乗法という 2 つの演算をもつので，単なる対応としての写像があるだけでなく，その演算が保存される，つまり，和を和に，積を積に写すという性質が重要になる．この条件が定義 6.83 の (1) と (2) である．なお，定義 6.83 において，$a + b$ は R における和であり，$f(a) + f(b)$ は R' における和である．同様に，ab は R における積であり，$f(a)f(b)$ は R' における積である．同じ演算記号を用いているが，違う環の演算であり，$a, b \in R$ とその像 $f(a), f(b) \in R$ がそれぞれの演算を考えてもうまく結び付いている写像が準同型写像である．

注意 6.84 定義 6.83 の (1), (2) だけをみたす写像を準同型写像としている文献もある（環の定義に単位元の存在を仮定していなければ，定義 6.83 の (3) は必然的になくなる）．本書では，環は単位的環としていたので，準同型写像の定義においても (3) の条件を課している．このような準同型写像を単位的環の準同型写像とよぶこと

もある．準同型写像の定義に (3) の条件を課す場合と課さない場合では本質的に違うものになる（注意 6.89 参照）．しかしながら，定義 6.83 の (1), (2) をみたす写像が全単射であれば，(3) の条件もみたす．実際，f を (1), (2) をみたす全単射とすれば，$1_{R'} = f(f^{-1}(1_{R'})) = f(1_R \cdot f^{-1}(1_{R'})) = f(1_R)f(f^{-1}(1_{R'})) = f(1_R) \cdot 1_{R'} = f(1_R)$
となる．したがって，準同型写像の定義に (3) を課しても課さなくとも，単位的環における同型写像は同じものになる．

例 6.85 環 R から環 R への恒等写像 id_R は環同型写像である．

例 6.86 R を環，I を R の両側イデアルとするとき，R の I による剰余環 R/I が得られた．このとき，$a \in R$ に剰余類 $a + I$ を対応させる写像

$$f : R \ni a \mapsto \bar{a} = a + I \in R/I$$

は環の全準同型写像である．これを R から R/I への**自然な準同型写像**とよぶ．

例 6.87 n を自然数とする．$a \in \mathbb{R}$ に対して対角成分が a である n 次行列 aE (E は単位行列) を対応させる写像は，$\mathbb{R}$ から $\mathbb{R}$ 成分の n 次全行列環 $M(n, \mathbb{R})$ への環の単準同型写像となる．

環の準同型写像の基本的な性質を述べておく．

命題 6.88 環 R から環 R' への準同型写像 f について次が成り立つ．
 (1) $f(0_R) = 0_{R'}$．
 (2) 任意の $a \in R$ について $f(-a) = -f(a)$．

証明 (1) f の環準同型性より $f(0_R) = f(0_R + 0_R) = f(0_R) + f(0_R)$ となるので，この両辺に $f(0_R)$ の R' での加法に関する逆元 $-f(0_R)$ を加えれば $0_{R'} = f(0_R)$ を得る．

(2) f の環準同型性と (1) より $f(a) + f(-a) = f(a + (-a)) = f(0_R) = 0_{R'}$ となるので，$f(-a)$ は $f(a)$ の加法に関する逆元，つまり，$f(-a) = -f(a)$ である． □

注意 6.89 環の加法に関する単位元である零元が環準同型写像により零元に写ることを示したのが，命題 6.88 の (1) である（これは群の準同型写像に関する命題 4.83 からも直ちに従う）．一方で，乗法に関する単位元については，環準同型写像の定義 6.83 の (3) として定義に含めている．このことは，環が加法に関しては群であるが（より

詳しく，加法に関しては逆元を常にもつが），乗法に関してはそうではないことに依る．つまり，定義 6.83 の条件 (3) を課さないと，条件 (1) と (2) から $f(1_R) = 1_{R'}$ という性質を導くことはできない．実際，たとえば $R = \mathbb{Z}/2\mathbb{Z}$ から $R' = \mathbb{Z}/6\mathbb{Z}$ への写像 f を

$$f(0+2\mathbb{Z}) = 0+6\mathbb{Z}, \quad f(1+2\mathbb{Z}) = 3+6\mathbb{Z}$$

と定めると，$3+3 \equiv 0 \pmod 6$ と $3 \cdot 3 \equiv 3 \pmod 6$ より，f は定義 6.83 の (1) と (2) をみたすことはすぐにわかる．しかし，定め方から $f(1_R) = 3+6\mathbb{Z} \neq 1_{R'} = 1+6\mathbb{Z}$ であるので，定義 6.83 の条件 (3) である $f(1_R) = 1_{R'}$ は成り立たない．

環 R から環 R' への準同型写像 $f : R \to R'$ に対して

$$\mathrm{Im}(f) = f(R) = \{\, f(a) \mid a \in R \,\} \subset R'$$

とおき，f の**像**（image）という．また，

$$\mathrm{Ker}(f) = f^{-1}(0_{R'}) = \{\, a \in R \mid f(a) = 0_{R'} \,\} \subset R$$

とおき，f の**核**（kernel）という．この像と核は次の性質をもつ．

命題 6.90 環 R から環 R' への準同型写像を f とするとき，次が成り立つ．
 (1) $\mathrm{Im}(f)$ は R' の部分環である．
 (2) $\mathrm{Ker}(f)$ は R の両側イデアルである．
 (3) f が単射である $\iff \mathrm{Ker}(f) = \{\,0_R\,\}$ である．

証明 (1) $a' = f(a), b' = f(b) \in \mathrm{Im}(f)$ $(a, b \in R)$ について，$a' - b' = f(a) - f(b) = f(a-b) \in \mathrm{Im}(f)$, $a'b' = f(a)f(b) = f(ab) \in \mathrm{Im}(f)$, $1_{R'} = f(1_R) \in \mathrm{Im}(f)$ であるので，$\mathrm{Im}(f)$ は R' の部分環である．

 (2) まず，命題 6.88 より $f(0_R) = 0_{R'}$ であるので $0_R \in \mathrm{Ker}(f)$ となる．よって，$\mathrm{Ker}(f)$ は空ではない．そこで，$a, b \in \mathrm{Ker}(f)$ とする．$f(a+b) = f(a) + f(b) = 0_{R'} + 0_{R'} = 0_{R'}$ より，$a+b \in \mathrm{Ker}(f)$ である．また，$r \in R$ に対して，$f(ra) = f(r)f(a) = f(r) \cdot 0_{R'} = 0_{R'}$ かつ $f(ar) = f(a)f(r) = 0_{R'} \cdot f(r) = 0_{R'}$ より，$ra, ar \in \mathrm{Ker}(f)$ である．したがって，$\mathrm{Ker}(f)$ は両側イデアルである．

 (3) f を単射とする．$a \in \mathrm{Ker}(f)$ とすると，命題 6.88 より $f(a) = 0_{R'} = f(0_R)$ なので，f の単射性より $a = 0_R$ を得る．よって，$\mathrm{Ker}(f) \subset \{\,0_R\,\}$ である．逆向きの包含関係は $f(0_R) = 0_{R'}$ より直ちに従うので，$\mathrm{Ker}(f) = \{\,0_R\,\}$ を得る．

次に $\mathrm{Ker}(f) = \{0_R\}$ とする．$a, b \in R$ について $f(a) = f(b)$ が成り立つとすれば，$f(a-b) = f(a) - f(b) = 0_{R'}$ となる．よって $a - b \in \mathrm{Ker}(f) = \{0_R\}$ である．つまり，$a - b = 0_R$ であるから，$a = b$ が得られる．したがって，f は単射である． □

問 6.91 f を環 R から環 R' への準同型写像とする．このとき次を示せ．
(1) I を R の左（右または両側）イデアルとするとき，
$$f(I) = \{f(a) \mid a \in I\} \subset \mathrm{Im}(f)$$
は $\mathrm{Im}(f)$ の左（右または両側）イデアルである．
(2) I' を R' の左（右または両側）イデアルとするとき，
$$f^{-1}(I') = \{a \in R \mid f(a) \in I'\} \subset R$$
は R の左（右または両側）イデアルである．

環 R から環 R' への同型写像が存在するとき，R と R' は**環同型**であるといい，$R \simeq R'$ と表す．写像 f により環同型であることを明記したい場合には，$f : R \xrightarrow{\sim} R'$ または $R \underset{f}{\simeq} R'$ と表す．環同型であることは環として同じ構造をもつことを意味する．つまり，R と R' が環同型写像 f により環同型ならば，R の元と R' の元はもれなく一つずつ対応し，R の元 a, b の和 $a + b$ と積 ab は，R' の元 $a' = f(a), b' = f(b)$ の和 $a' + b'$ と積 $a'b'$ に対応する．つまり，互いに元の名前の付け換えだけの違いしかないということである．とくに，環 R が可換環 R' と環同型であれば R も可換環であり，環 R が体 K に環同型であれば R も体である．

環準同型写像の合成写像や環同型写像の性質についても述べておく．

命題 6.92 次が成り立つ．
(1) 環同型写像は逆写像が存在し，その逆写像も環同型写像である．
(2) f を環 R から環 R' への準同型写像，g を環 R' から環 R'' への準同型写像とする．このとき，合成写像 $g \circ f$ は環 R から環 R'' への準同型写像である．とくに，f と g がともに環同型ならば $g \circ f$ も環同型である．

証明 (1) $f : R \to R'$ を環同型とする．f は全単射より逆写像 f^{-1} が存在する．任意の $a', b' \in R'$ について，f は全射より $f(a) = a', f(b) = b'$ となる $a, b \in R$ が存在する．このとき，$f(a+b) = f(a) + f(b) = a' + b'$,

6.5 環の準同型写像

$f(ab) = f(a)f(b) = a'b'$ かつ $a = f^{-1}(a'), b = f^{-1}(b')$ であるから, $f^{-1}(a'+b') = a+b = f^{-1}(a') + f^{-1}(b'), f^{-1}(a'b') = ab = f^{-1}(a')f^{-1}(b')$ を得る. また, $f(1_R) = 1_{R'}$ より $f^{-1}(1_{R'}) = 1_R$ である. よって, f^{-1} は環準同型である. 全単射の逆写像は全単射なので, 以上より f^{-1} は環同型である.

(2) $a, b \in R$ とする. このとき, $(g \circ f)(a+b) = g(f(a+b)) = g(f(a) + f(b)) = g(f(a)) + g(f(b)) = (g \circ f)(a) + (g \circ f)(b)$ かつ $(g \circ f)(ab) = g(f(ab)) = g(f(a)f(b)) = g(f(a))g(f(b)) = (g \circ f)(a)(g \circ f)(b)$ となる. また, $(g \circ f)(1_R) = g(f(1_R)) = g(1_{R'}) = 1_{R''}$ である. よって, $g \circ f$ は環準同型である. さらに, 全単射の合成は全単射であるので, 環同型の合成は環同型である. □

例 6.85 と命題 6.92 により, 環同型 $\simeq$ に関して,
(1) 反射律: $R \simeq R$,
(2) 対称律: $R \simeq R'$ ならば $R' \simeq R$,
(3) 推移律: $R \simeq R'$ かつ $R' \simeq R''$ ならば $R \simeq R''$

が成り立つ. つまり, 環同型とは環としての構造が "等しい" という関係である.

環同型は環の構造を知る上で大切な道具となる. 次に述べる定理は環の準同型があれば環同型が作れるという意味で重要な定理である. 環 R から環 R' への準同型写像を f とすると, 命題 6.90 より f の核 $\mathrm{Ker}(f)$ は R の両側イデアルであるので剰余環 $R/\mathrm{Ker}(f)$ が得られ, 同じく命題 6.90 より f の像 $\mathrm{Im}(f)$ は R' の部分環である. この $R/\mathrm{Ker}(f)$ と $\mathrm{Im}(f)$ について次の定理が成り立つ (定理 2.9 の環準同型版 (注意 4.104 参照)).

定理 6.93 (環の準同型定理) 写像 f を環 R から環 R' への準同型写像とし, $I = \mathrm{Ker}(f)$ とおく. このとき, 写像 $\overline{f}$ を

$$\overline{f} : R/I \ni \overline{a} = a + I \longmapsto f(a) \in R'$$

で与えると, $\overline{f}$ は剰余類の代表元のとり方に依らず定まり, 環の単準同型写像となる. したがって,

$$\overline{f} : R/I = R/\mathrm{Ker}(f) \simeq \mathrm{Im}(f) \subset R'$$

となる環同型が得られる.

証明 f は加法群 R から加法群 R' への群の準同型と考えることができる．よって，群の準同型定理より，$\overline{f}$ は剰余類の代表元のとり方に依らず定まり，加法群 R/I から加法群 R' への群の単準同型となる．よって，群の同型 $R/I \simeq \mathrm{Im}(f)$ が得られる．したがって，あとは乗法に関する性質を調べればよい．$\overline{a}, \overline{b} \in R/I$ について，$\overline{f}(\overline{ab}) = \overline{f}(\overline{ab}) = f(ab) = f(a)f(b) = \overline{f}(\overline{a})\overline{f}(\overline{b})$ かつ $\overline{f}(\overline{1_R}) = f(1_R) = 1_{R'}$ となる．よって，$\overline{f}$ は環の準同型である．以上より，$\overline{f}: R/I \to R'$ は環の単準同型であり，$R/I \simeq \mathrm{Im}(f)$ は環同型となる．□

問 6.94 環から読んだ読者は群の結果を使わずに環の準同型定理を示せ．

注意 6.95 環の準同型定理を言い換えれば，写像 f を環 R から環 R' への準同型写像，写像 g を環 R から剰余環 $R/\mathrm{Ker}(f)$ への自然な準同型写像とするとき，環同型写像
$$\overline{f}: R/\mathrm{Ker}(f) \simeq \mathrm{Im}(f) \subset R'$$
で，$f = \overline{f} \circ g$ となるもの，つまり，

$$\begin{array}{ccc} R & \xrightarrow{f} & \mathrm{Im}(f) \subset R' \\ {\scriptstyle g}\downarrow & \nearrow{\scriptstyle \exists \overline{f}} & \\ R/\mathrm{Ker}(f) & & \end{array}$$

において写像の矢印に従って像を求めると一致する（このことを図式は可換であるという）ものが唯一つ存在することと言える（注意 4.105 参照）．なお，群の準同型定理と区別するために，環の準同型定理を**環準同型定理**ともよぶ．

環準同型定理を利用すると，一見複雑そうに見える環がシンプルな環として解釈できたり，既知の環の新しい見方を与えることにも役立つ．

例 6.96 i を虚数単位とし，複素数体 $\mathbb{C}$ から実数成分の 2 次の全行列環 $M(2, \mathbb{R})$ への写像 f を

$$f: \mathbb{C} \ni \alpha = a + bi \longmapsto \begin{pmatrix} a & -b \\ b & a \end{pmatrix} \in M(2, \mathbb{R})$$

と定めると，f は環準同型であることが確かめられる．このとき，2 次零行列 O を与える a, b の組は $a = 0, b = 0$ だけであるので，$\mathrm{Ker}(f) = \{0\}$ を得る．また，$\mathrm{Im}(f)$ は

$$T = \left\{ \begin{pmatrix} a & -b \\ b & a \end{pmatrix} \middle| a, b \in \mathbb{R} \right\}$$

である．これは例 6.41 で登場した $M(2, \mathbb{R})$ の部分環である．この f に環準同型定理を適用すれば，環同型

$$\mathbb{C} = \mathbb{C}/\operatorname{Ker}(f) \simeq \operatorname{Im}(f) = T \subset M(2, \mathbb{R})$$

が得られる．つまり，T は複素数体 $\mathbb{C}$ と環同型な $M(2, \mathbb{R})$ の部分環である．T が体であることは例 6.41 でも述べたが，T は $\mathbb{C}$ と環同型であるので，このことからも T は体であることがわかる．

例 6.97 $\mathbb{R}$ 上の多項式 $f(x)$ に対して x に虚数単位 i を代入して得られる複素数 $f(i)$ を対応させれば，$\mathbb{R}$ 上の多項式環 $\mathbb{R}[x]$ から $\mathbb{C}$ への写像

$$\varphi : \mathbb{R}[x] \ni f(x) \longmapsto f(i) \in \mathbb{C}$$

が定まり，これは環準同型であることが確かめられる．このとき，任意の $a+bi \in \mathbb{C}$ に対して，$f(x) = a + bx \in \mathbb{R}[x]$ をとれば，$\varphi(f(x)) = f(i) = a + bi$ より，φ は環の全準同型である．さらに，$\operatorname{Ker}(\varphi)$ は多項式 $x^2 + 1$ の生成する単項イデアル $(x^2 + 1)$ である．実際，$x^2 + 1$ において $x = i$ を代入すると 0 を得るので，$x^2 + 1 \in \operatorname{Ker}(\varphi)$ であり，よって $(x^2 + 1) \subset \operatorname{Ker}(\varphi)$ となる．一方，$f(x) \in \operatorname{Ker}(\varphi)$ とすると，多項式の除法定理（定理 6.51）より $f(x) = (x^2 + 1)h(x) + r(x), \deg(r) \le 1$ となる $h(x), r(x) \in \mathbb{R}[x]$ が存在する．このとき，$r(i) = f(i) - (i^2 + 1)h(i) = 0$ であるが，$\deg(r) \le 1$ かつ $i \notin \mathbb{R}$ より $r(x) = 0$ でなければならない．したがって，$f(x) = (x^2 + 1)h(x)$ である．よって，$f(x) \in (x^2 + 1)$ であり，$\operatorname{Ker}(\varphi) \subset (x^2 + 1)$ を得る．以上より，$\operatorname{Ker}(\varphi) = (x^2 + 1)$ となる．

この準同型 φ に環準同型定理を適用すれば，環同型

$$\mathbb{R}[x]/(x^2 + 1) \simeq \mathbb{C}$$

が得られる．この左辺は，例 6.82 で登場した多項式環の剰余環であり，体であった．剰余環 $\mathbb{R}[x]/(x^2 + 1)$ だけを眺めていてもその構造はわかりにくいが，上の環同型からこの剰余環は $\mathbb{C}$ と同型な体だったのである．

例 6.98　$a \in \mathbb{Z}$ を一つ固定し，$\mathbb{Z}$ 係数の多項式 $f(x)$ に対して $f(a)$ を対応させれば，$\mathbb{Z}$ 上の多項式環 $\mathbb{Z}[x]$ から $\mathbb{Z}$ への写像

$$\varphi : \mathbb{Z}[x] \ni f(x) \longmapsto f(a) \in \mathbb{Z}$$

が定まり，これは環準同型であることが確かめられる．このとき，任意の $b \in \mathbb{Z}$ に対して，$f(x) = x + (b - a) \in \mathbb{Z}[x]$ をとれば，$f(a) = b$ より φ は環の全準同型である．さらに，因数定理より $\mathrm{Ker}(\varphi)$ は多項式 $x - a$ で割り切れる多項式全体，つまり，多項式 $x - a$ の生成する単項イデアル $(x - a)$ である．よって，環準同型定理を適用すれば，環同型

$$\mathbb{Z}[x]/(x - a) \simeq \mathbb{Z}$$

が得られる．とくに，$a = 0$ のときには，$\mathbb{Z}[x]/(x) \simeq \mathbb{Z}$ となる．

6.6　環 の 直 積

この節では環の直積と中国剰余定理について述べる．また関連して，オイラー関数の性質にも触れる．

R_1 と R_2 を環とし，直積集合 $R_1 \times R_2 = \{(a_1, a_2) \mid a_1 \in R_1, a_2 \in R_2\}$ に加法と乗法を

$$(a_1, a_2) + (b_1, b_2) = (a_1 + b_1,\ a_2 + b_2)$$
$$(a_1, a_2) \cdot (b_1, b_2) = (a_1 \cdot b_1,\ a_2 \cdot b_2)$$

により定める．ここで，$a_1, b_1 \in R_1, a_2, b_2 \in R_2$ であり，右辺の加法と乗法はそれぞれ R_1 と R_2 における加法と乗法である．このとき，$R_1 \times R_2$ はこの加法と乗法に関して環になることが容易に確かめられる．この環を R_1 と R_2 の**直積**という．環 $R_1 \times R_2$ の零元は $(0_{R_1}, 0_{R_2})$ であり，元 $(a_1, a_2) \in R_1 \times R_2$ の加法に関する逆元は $(-a_1, -a_2)$ である．また，$R_1 \times R_2$ の単位元は $(1_{R_1}, 1_{R_2})$ である．なお，環の加法に注目すれば，環の直積は加法群の直積でもある．また，直積 $R_1 \times R_2$ では $(1_{R_1}, 0_{R_2}) \cdot (0_{R_1}, 1_{R_2}) = (0_{R_1}, 0_{R_2})$ となり，零元でない零因子が存在するので，$R_1 \times R_2$ は整域ではない．3 つ以上の環 $R_1, R_2, \ldots, R_n$ についても直積 $R_1 \times R_2 \times \cdots \times R_n$ が同様に定義できる．

注意 6.99 R_1 と R_2 を環とする．このとき，写像
$$\iota_1 : R_1 \ni a_1 \longmapsto (a_1, 0_{R_2}) \in R_1 \times R_2$$
により環 R_1 は直積 $R_1 \times R_2$ の部分集合と見なすことができる．しかし，R_1 の単位元 1_{R_1} の像は $\iota_1(1_{R_1}) = (1_{R_1}, 0_{R_2}) \in R_1 \times R_2$ であり，これは $R_1 \times R_2$ の単位元 $(1_{R_1}, 1_{R_2})$ ではないので，R_1 は $R_1 \times R_2$ の部分環ではない．なお，加法だけに注目すれば ι_1 は群の単準同型であるから，加法群としては R_1 は $R_1 \times R_2$ の部分群と見なせる．

定理 6.100（中国剰余定理） R を環，$I_1, \ldots, I_r$ を R の両側イデアルとし，
$$I_k + \bigcap_{j \neq k} I_j = R \quad (k = 1, 2, \ldots, r)$$
をみたすものとする．このとき，R から R の剰余環 $R/I_1, \ldots, R/I_r$ の直積 $(R/I_1) \times \cdots \times (R/I_r)$ への写像 f を
$$f : R \ni a \longmapsto (a + I_1, \ldots, a + I_r) \in (R/I_1) \times \cdots \times (R/I_r)$$
と定めれば，これは環の全準同型写像であり，$\mathrm{Ker}(f) = I_1 \cap \cdots \cap I_r$ となる．よって，
$$R/(I_1 \cap \cdots \cap I_r) \simeq (R/I_1) \times \cdots \times (R/I_r)$$
が成り立つ．

証明 f が環準同型になることは定義を直接確かめればわかる．そこで，$(a_1 + I_1, \ldots, a_r + I_r) \in (R/I_1) \times \cdots \times (R/I_r)$ を任意にとる．仮定より，$b_k + c_k = 1$ となる $b_k \in I_k$, $c_k \in \bigcap_{j \neq k} I_j$ が存在する．ここで，$a = a_1 c_1 + \cdots + a_r c_r$ とおくと，任意の I_k を法として，$c_k \equiv 1 \pmod{I_k}$, かつ，$j \neq k$ ならば $c_j \equiv 0 \pmod{I_k}$ より，
$$a \equiv a_k \pmod{I_k}$$
を得る．よって，任意の k について $a + I_k = a_k + I_k$ となるので，$f(a) = (a_1 + I_1, \cdots, a_r + I_r)$ となり，f は全射である．

また $a \in \mathrm{Ker}(f)$ であることは，任意の $k \in \{1, \ldots, r\}$ について $a \in I_k$ と

なることと同値である．つまり，$a \in \mathrm{Ker}(f) \Leftrightarrow a \in \bigcap_k I_k$ である．したがって，$\mathrm{Ker}(f) = I_1 \cap \cdots \cap I_r$ を得る．

さらに環準同型定理を用いれば，最後の環同型も得られる． □

注意 6.101 定理 6.100 の仮定で登場する

$$I_k + \bigcap_{j \neq k} I_j = R \quad (k = 1, 2, \ldots, r) \tag{6.2}$$

という条件は，任意の $1 \leq k \neq j \leq r$ について

$$I_k + I_j = R \tag{6.3}$$

となることと同値である．実際，$1 \leq k \neq j \leq r$ について $I_k + \bigcap_{i \neq k} I_i \subset I_k + I_j$ より "(6.2) ⇒ (6.3)" が従い，逆に，任意の k を固定し，$1 \leq j \neq k \leq r$ について (6.3) が成り立つとすると，任意の $j \neq k$ に対して $b_j + a_j = 1$ となる $b_j \in I_k$ と $a_j \in I_j$ が存在するので，$1 = \prod_{j \neq k}(b_j + a_j) \equiv \prod_{j \neq k} a_j \pmod{I_k}$ を得る．ここで，$j \neq k$ について $\prod_{i \neq k} a_i \in I_j$ より $\prod_{j \neq k} a_j \in \bigcap_{j \neq k} I_j$ となる．したがって，$1 \in I_k + \bigcap_{j \neq k} I_j$ より (6.2) を得る．

R が可換環であれば，問 6.62 の (4) より，たとえば $I_1 + I_2 = R$ となるイデアル I_1 と I_2 について $I_1 I_2 = I_1 \cap I_2$ が成り立つので，定理 6.100 は注意 6.101 と合わせて次の系のように書き換えられる．

系 6.102（**可換環での中国剰余定理**） R を可換環，$I_1, \ldots, I_r$ を R のイデアルとし，任意の $1 \leq i \neq j \leq r$ について $I_i + I_j = R$ とする．このとき，写像 f を

$$f : R \ni a \longmapsto (a + I_1, \ldots, a + I_r) \in (R/I_1) \times \cdots \times (R/I_r)$$

と定めれば，これは環の全準同型写像であり，$\mathrm{Ker}(f) = I_1 \cdots I_r$ となる．よって，$I = I_1 \cdots I_r$ とおけば，

$$R/I \simeq (R/I_1) \times \cdots \times (R/I_r)$$

が成り立つ．

問 6.67（または定理 3.16）より 2 つの整数 m_1 と m_2 が互いに素ならば $m_1 \mathbb{Z} + m_2 \mathbb{Z} = \mathbb{Z}$ が成り立つので，有理整数環 $\mathbb{Z}$ とそのイデアル $m_i \mathbb{Z}$ に対して系 6.102 を適用すれば，次の系が直ちに得られる．

系 6.103（$\mathbb{Z}$ での中国剰余定理）　$m_1, \ldots, m_r \geq 2$ をどの 2 つも互いに素な整数とし，$m = m_1 \cdots m_r$ とおく．このとき，
$$f : \mathbb{Z} \ni a \longmapsto (a + m_1\mathbb{Z}, \ldots, a + m_r\mathbb{Z}) \in (\mathbb{Z}/m_1\mathbb{Z}) \times \cdots \times (\mathbb{Z}/m_r\mathbb{Z})$$
と定めれば，これは環の全準同型写像であり，$\mathrm{Ker}(f) = (m) = m\mathbb{Z}$ となる．よって，
$$\overline{f} : \mathbb{Z}/m\mathbb{Z} \simeq (\mathbb{Z}/m_1\mathbb{Z}) \times \cdots \times (\mathbb{Z}/m_r\mathbb{Z})$$
が成り立つ．

注意 6.104　系 6.103 は系 3.48 の一般化である．つまり，系 6.103 における $\overline{f}$ の全射性は系 3.48 における解 $a \in \mathbb{Z}$ の存在を意味し，$\overline{f}$ の単射性は解 $a \in \mathbb{Z}$ が m を法として一意的であることを意味する．系 6.103 はさらに演算の関係も対応し，環としても同型であることを述べている．

注意 6.105　系 6.103 の環準同型写像 f は，剰余類 $a + m_i\mathbb{Z}$ を $a \bmod m_i$ と表し，
$$f : \mathbb{Z} \ni a \longmapsto (a \bmod m_1, \ldots, a \bmod m_r) \in (\mathbb{Z}/m_1\mathbb{Z}) \times \cdots \times (\mathbb{Z}/m_r\mathbb{Z})$$
と書くことも多い．

問 6.106　環 $R_1, \ldots, R_r$ について $(R_1 \times \cdots \times R_r)^\times \simeq R_1^\times \times \cdots \times R_r^\times$ となる群同型が成り立つことを示せ．

問 6.106 より，系 6.103 における $\mathbb{Z}$ の剰余環の同型からその乗法群の同型を作れば，次のように $\mathbb{Z}$ の法 m による既約剰余類群の同型が得られる．

系 6.107　$m_1, \ldots m_r \geq 2$ をどの 2 つも互いに素な整数とし，$m = m_1 \cdots m_r$ とおく．このとき，乗法群の同型
$$(\mathbb{Z}/m\mathbb{Z})^\times \simeq (\mathbb{Z}/m_1\mathbb{Z})^\times \times \cdots \times (\mathbb{Z}/m_r\mathbb{Z})^\times$$
が成り立つ

$m \geq 2$ を整数とする．m の素因数分解を $m = p_1^{e_1} \cdots p_r^{e_r}$（$p_i$ は相異なる素数，e_i は自然数）とすれば，系 6.103 より
$$\mathbb{Z}/m\mathbb{Z} \simeq (\mathbb{Z}/p_1^{e_1}\mathbb{Z}) \times \cdots \times (\mathbb{Z}/p_r^{e_r}\mathbb{Z})$$
となる環同型が得られ，系 6.107 より

$$(\mathbb{Z}/m\mathbb{Z})^\times \simeq (\mathbb{Z}/p_1^{e_1}\mathbb{Z})^\times \times \cdots \times (\mathbb{Z}/p_r^{e_r}\mathbb{Z})^\times$$

となる群同型が得られる．

$\mathbb{Z}$ の法 m による既約剰余類群をなす剰余類の個数は，m 以下の自然数で m と互いに素なものの個数と一致した（問 6.81 参照）．つまり，

$$\varphi(m) = |(\mathbb{Z}/m\mathbb{Z})^\times| \tag{6.4}$$

が成り立つ．ここで，φ はオイラー関数である．この関係を利用すると，オイラー関数が次の性質をもつことがわかる．とくに $\varphi(m)$ は m の素因数分解がわかれば求めることができる．

命題 6.108 オイラー関数 φ について次が成り立つ．
(1) p を素数，n を自然数とするとき，$\varphi(p^n) = p^{n-1}(p-1)$ が成り立つ．とくに $\varphi(p) = p - 1$ である．
(2) $m, n \geq 2$ を互いに素な整数するとき，$\varphi(mn) = \varphi(m)\varphi(n)$ が成り立つ．とくに，m の素因数分解を $m = p_1^{e_1} \cdots p_r^{e_r}$（$p_i$ は相異なる素数，e_i は自然数）とすれば，次が成り立つ．

$$\varphi(m) = \prod_{i=1}^r \varphi(p_i^{e_i}) = m \prod_{i=1}^r (1 - p_i^{-1}).$$

証明 (1) p^n 以下の自然数は p^n 個あり，その中で p の倍数は p^{n-1} 個ある．いま p の倍数以外は p^n と互いに素であるから，$\varphi(p^n) = p^n - p^{n-1} = p^{n-1}(p-1)$ となる．
(2) 系 6.107 において $r = 2$ の場合を適用すれば，$\varphi(mn) = |(\mathbb{Z}/mn\mathbb{Z})^\times| = |(\mathbb{Z}/m\mathbb{Z})^\times \times (\mathbb{Z}/n\mathbb{Z})^\times| = |(\mathbb{Z}/m\mathbb{Z})^\times| \cdot |(\mathbb{Z}/n\mathbb{Z})^\times| = \varphi(m)\varphi(n)$ が従う． □

問 6.109 次の問に答えよ．
(1) $\varphi(10!)$ を求めよ．
(2) $\varphi(n) = 18$ となる 2 以上の自然数 n をすべて求めよ．

オイラー関数の等式 (6.4) とラグランジュの定理（定理 4.69）より次が直ちに得られる．

定理 6.110（フェルマー（Fermat）–オイラー（Euler）の定理） n を自然数，a を n と互いに素な整数とするとき，

$$a^{\varphi(n)} \equiv 1 \pmod{n}$$

が成り立つ．

定理 6.110 において n を素数とすれば次の系を得る．

系 6.111（フェルマーの小定理） p を素数，a を p と互いに素な整数とするとき，

$$a^{p-1} \equiv 1 \pmod{p}$$

が成り立つ．

問 6.112 $37^{37^{37}}$（37 の 37^{37} 乗）を 17 で割ったときの余りを求めよ．

6.7 素イデアルと極大イデアル

本節以降では主に可換環を扱うが，用語を省略して単に環と書くことはせず，交換律をみたすときには可換環と書くことにする．

$\mathbb{Z}$ のイデアル I は単項であったので，$I = (m)$ となる整数 m が存在した．単項イデアルの積は $(a)(b) = (ab)$ となるので，$\mathbb{Z}$ のイデアルはイデアルを生成する整数の素因数分解に対応した積表示をもつ．そうなるとイデアルにも個性が現れる．たとえば，合成数 n で生成されるイデアル (n) について (n) を真に含む $\mathbb{Z}$ とは異なるイデアルが存在する．実際，n の素因数 p をとれば，$(n) \subsetneq (p) \subsetneq \mathbb{Z}$ となる．一方，素数 p で生成されるイデアル (p) にはそのようなイデアルは存在しない．また，$a, b \in \mathbb{Z}$ とイデアル (n) について，$a \in (n)$ または $b \in (n)$ ならば $ab \in (n)$ は成り立つが，n が合成数のときこの逆は成り立たない．たとえば，$12 = 3 \cdot 4 \in (12)$ であるが，$3 \notin (12)$ かつ $4 \notin (12)$ である．一方，素数 p については，$ab \in (p)$ ならば $a \in (p)$ または $b \in (p)$ が成り立つ．そこで，これらの特性を利用し，イデアルに名前を付けておく．

> **定義 6.113** R を可換環, I を R のイデアルとし, $I \neq R$ とする.
> (1) $a, b \in R$ について, $ab \in I$ ならば $a \in I$ または $b \in I$ である, という条件をみたすとき, I を R の**素イデアル**という.
> (2) J が $I \subset J$ となる R のイデアルならば $J = I$ または $J = R$ である, という条件をみたすとき, I を R の**極大イデアル**という.

素イデアルと極大イデアルの関係を述べる前に, 環とその剰余環のイデアルの関係について述べておく(この命題は R を加法群と見れば, 命題 4.112 である).

命題 6.114 R を可換環とし, I を R のイデアルとする. このとき, I を含む R のイデアルと剰余環 R/I のイデアルの間には包含関係を保存する全単射が存在する.

証明 f を R から R/I への自然な環準同型写像とする. このとき, I を含む R のイデアル J を任意にとれば, f は全射であるので問 6.91 により f による像 $f(J)$ は R/I のイデアルである. 逆に, R/I のイデアル $\overline{J}$ を任意にとれば, 再び問 6.91 によりその逆像 $f^{-1}(\overline{J})$ は R のイデアルであり, $\overline{J} \ni 0_{R/I} = I$ より $f^{-1}(\overline{J})$ は I を含む. そこで, I を含む R のイデアル J に R/I のイデアル $f(J)$ を対応させる写像を σ とし, R/I のイデアル $\overline{J}$ に I を含む R のイデアル $f^{-1}(\overline{J})$ を対応させる写像を τ とすれば, $(\tau \circ \sigma)(J) = J$ かつ $(\sigma \circ \tau)(\overline{J}) = \overline{J}$ が成り立つ. よって, σ と τ は全単射である. また, 包含関係を保存することは対応の作り方より直ちにわかる. □

可換環 R のイデアル I と I による剰余環 R/I の間には次の関係がある.

> **定理 6.115** R を可換環, I を R のイデアルとする. このとき次が成り立つ.
> (1) I は R の素イデアルである $\iff R/I$ は整域である.
> (2) I は R の極大イデアルである $\iff R/I$ は体である.

証明 (1) $a, b \in R$ とする. 剰余環における積は $(a+I)(b+I) = ab+I$ より
$$I \text{ は素イデアル} \iff ab \in I \text{ ならば } a \in I \text{ または } b \in I$$

$$\iff (a+I)(b+I) = I \text{ ならば } a+I = I \text{ または } b+I = I$$
$$\iff R/I \text{ は整域である}$$

が成り立つ.

(2) 命題 6.114 と命題 6.73 より

I は極大イデアル $\iff I$ を含む R のイデアル J は $J = I$ または $J = R$
$\iff R/I$ のイデアル $\overline{J}$ は $\overline{J} = I/I = (0)$ または $\overline{J} = R/I$
$\iff R/I$ は体である

が成り立つ. □

体は整域であるので, 定理 6.115 より次の系が従う.

<u>系 6.116</u> 極大イデアルはつねに素イデアルである.

また, 定理 6.115 において I として零イデアル (0) をとれば次の系を得る.

<u>系 6.117</u> 可換環 R において次が成り立つ.
 (1) (0) は素イデアルである $\iff R$ は整域である.
 (2) (0) は極大イデアルである $\iff R$ は体である.

系 6.116 により極大イデアルは素イデアルであるが, 素イデアルは極大イデアルになることもあれば, ならないこともある.

<u>例 6.118</u> $\mathbb{Z}$ の零でない素イデアルは極大イデアルとなる. なぜならば, $\mathbb{Z}$ の (0) でも (1) でもないイデアル $I = (m)$ は, m として 2 以上の自然数がとれて, 定理 6.115 と命題 6.34 より

(m) は素イデアル $\iff \mathbb{Z}/m\mathbb{Z}$ は整域 ($\iff m$ は素数)
$\iff \mathbb{Z}/m\mathbb{Z}$ は体 $\iff (m)$ は極大イデアル

となるからである. とくに, 素数 p の生成する単項イデアル (p) は素イデアルかつ極大イデアルである.

<u>例 6.119</u> $a \in \mathbb{Z}$ とする. $\mathbb{Z}$ 上の多項式環 $\mathbb{Z}[x]$ のイデアル $I = (x - a)$ は素イデアルであるが極大イデアルではない. 実際, 例 6.98 で示したように

$\mathbb{Z}[x]/(x-a) \simeq \mathbb{Z}$ となるので，定理 6.115 によれば，$\mathbb{Z}$ は整域なので $(x-a)$ は素イデアルであるが，$\mathbb{Z}$ は体ではないので $(x-a)$ は極大イデアルではない．

6.8　ユークリッド環

$\mathbb{Z}$ や体 K 上の多項式環 $K[x]$ においては除法定理が成り立ち，これによっていくつかの性質はほとんど平行した方法で示せる．この節では除法定理に相当する公理をもつユークリッド環について述べる．除法定理は，ユークリッドの互除法（3.2 節の同名の小節参照）の基本的なステップを表現するもので，この関係からユークリッド環とよばれる．

定義 6.120（ユークリッド環） R を可換環とする．$R - \{0\}$ から $\mathbb{N}$ への写像 φ で次の条件をみたすものが存在するとき，R を**ユークリッド環**（Euclid ring）という．

(1) 任意の $a, b \in R, b \neq 0$ に対して，次をみたす $q, r \in R$ が存在する：
$$a = bq + r, \quad r = 0 \text{ または } \varphi(r) < \varphi(b).$$

さらに，これに加えて，

(2) R は整域である，

をみたすとき，R を**ユークリッド整域**（Euclid domain）といい，しばしば ED と略記して表す．

注意 6.121 ユークリッド環の定義には，環を整域に限定し，さらに，

(3) $a, b \in R - \{0\}$ について $\varphi(a) \leq \varphi(ab)$ が成り立つ．

という条件を課している文献もある．しかし，以下に述べるように，これはとくに必要ではないので，本書では定義の中に含めていない．

環 R が定義 6.120 の写像 φ をもつユークリッド環とする．このとき，$a \in R, a \neq 0$ に対して，$\rho(a) \in \mathbb{N}$ を

$$\rho(a) = \min_{b \in R, ab \neq 0} \varphi(ab) = \min_{c \in (a), c \neq 0} \varphi(c)$$

によって定めると，写像 $\rho : R - \{0\} \to \mathbb{N}$ は定義 6.120 の条件 (1) をみたし，さらに，$a, b \in R$ について $ab \neq 0$ であれば上で与えた条件 (3) も満足する．

実際に，$a, b \in R, b \neq 0$ に対して，ρ の定義より，$bc \neq 0$ で $\rho(b) = \varphi(bc)$ と

なる $c \in R$ が存在する．このとき，φ の定義より，$a = (bc)q + r$ をみたし，かつ，$r = 0$ または $\varphi(r) < \varphi(bc)$ となる $q, r \in R$ が存在する．これを $a = b(cq) + r$ と見れば，$\rho(r) \le \varphi(r) < \varphi(bc) = \rho(b)$ より，ρ も定義 6.120 の (1) をみたす．さらに，任意の $a, b \in R$ について，$ab \ne 0$ ならば，$(ab) \subset (a)$ となることと ρ の作り方より $\rho(a) \le \rho(ab)$ が成り立つ．したがって，とくに R が整域であれば，必然的に (1) と (3) をみたす ρ が得られる．つまり，(1) をみたす整域はつねに (3) を含めた定義でもユークリッド環となる（文献 [17] 参照）．

このことに加えて，定義 6.120 の条件 (1) があれば，イデアルが単項イデアルであることを示すためにも十分であるので，本書では環も整域ではなく可換環とした．なお，定義 6.120 の条件 (1) では $q, r \in R$ の一意性までは仮定していないことを注意しておく．

代表的なユークリッド環として $\mathbb{Z}$ と体 K 上の多項式環 $K[x]$ をあげておく．

例 6.122 $\mathbb{Z}$ は，ユークリッド環の定義における φ として通常の絶対値，つまり，$a \in \mathbb{Z}, a \ne 0$ に対して $\varphi(a) = |a|$ をとれば，整数の除法定理（定理 3.1）より，$a, b \in \mathbb{Z}, b \ne 0$ に対して，次をみたす $q, r \in \mathbb{Z}$ が存在する：

$$a = bq + r, \quad r = 0 \text{ または } |r| < |b|.$$

よって，$\mathbb{Z}$ はユークリッド環，とくに ED である．

例題 6.123

体 K 上の多項式環 $K[x]$ はユークリッド整域であることを示せ．

[解答] ユークリッド環の定義における φ として，たとえば，$f(x) \in K[x]$, $f(x) \ne 0$ に対して $\varphi(f(x)) = 2^{\deg f(x)}$ と定める（$\varphi(f(x)) = 3^{\deg f(x)}$ や $\varphi(f(x)) = \deg f(x) + 1$ などでもよい）．このとき，多項式の除法定理（定理 6.51）より，$f(x), g(x) \in K[x], g(x) \ne 0$ に対して，

$$f(x) = g(x)q(x) + r(x), \quad r(x) = 0 \text{ または } \varphi(r(x)) < \varphi(g(x))$$

となる $q(x), r(x) \in K[x]$ が存在する．よって，$K[x]$ はユークリッド環であり，K が体より $K[x]$ は整域でもあるので，とくに $K[x]$ は ED である． □

さらに，ガウス整数環 $\mathbb{Z}[i]$ もユークリッド整域である（例 6.43 参照）．

例題 6.124

ガウス整数環 $\mathbb{Z}[i]$ の元 $\alpha = a+bi\,(a,b \in \mathbb{Z})$ に対して、$\mathrm{N}(\alpha) = \alpha\overline{\alpha} = a^2+b^2$ と定め、これを α の**ノルム**という。ここで、$\overline{\alpha} = a-bi$ であり、$|\alpha|$ を α の絶対値とすれば $\mathrm{N}(\alpha) = |\alpha|^2$ となる。このとき次を示せ。

(1) 任意の元 $\alpha, \beta \in \mathbb{Z}[i]$ に対して $\mathrm{N}(\alpha\beta) = \mathrm{N}(\alpha)\,\mathrm{N}(\beta)$ が成り立つ。

(2) 任意の $\alpha, \beta \in \mathbb{Z}[i]$、$\beta \neq 0$ に対して $\left|\frac{\alpha}{\beta} - \rho\right| < 1$ となる $\rho \in \mathbb{Z}[i]$ が存在する。

(3) $\alpha \in \mathbb{Z}[i]$、$\alpha \neq 0$ に対して $\varphi(\alpha) = \mathrm{N}(\alpha)$ とおくと、$\mathbb{Z}[i]$ はこの φ によりユークリッド整域である。

[解答] (1) $\mathrm{N}(\alpha\beta) = (\alpha\beta)\overline{\alpha\beta} = \alpha\overline{\alpha}\beta\overline{\beta} = \mathrm{N}(\alpha)\,\mathrm{N}(\beta)$ となる。

(2) 複素平面上で $\frac{\alpha}{\beta}$ に一番近い格子点(つまり、$\mathbb{Z}[i]$ の元となる点)を ρ とする。格子点を中心に半径 $\frac{1}{\sqrt{2}}$ の円(境界を含む)を描けば、その円で複素平面は覆い尽くされるので、$\left|\frac{\alpha}{\beta} - \rho\right| \leq \frac{1}{\sqrt{2}} < 1$ となる。

(3) 任意の $\alpha = a+bi \in \mathbb{Z}[i]$、$\alpha \neq 0$ に対して、$\varphi(\alpha) = \mathrm{N}(\alpha) = a^2+b^2$ かつ $a, b \in \mathbb{Z}$ であるので、φ は $\mathbb{Z}[i] - \{0\}$ から $\mathbb{N}$ への写像である。このとき、任意の $\alpha, \beta \in \mathbb{Z}[i]$、$\beta \neq 0$ に対して、(2) より $\left|\frac{\alpha}{\beta} - \rho\right| < 1$ となる $\rho \in \mathbb{Z}[i]$ が存在する。この不等式の両辺を $|\beta|$ 倍すると、$|\alpha - \rho\beta| < |\beta|$ を得る。そこで、$\gamma = \alpha - \rho\beta$ とおけば、$\gamma \in \mathbb{Z}[i]$ であり、$\alpha = \beta\rho + \gamma$ が成り立ち、さらに $\gamma = 0$ または $\varphi(\gamma) = \mathrm{N}(\gamma) = |\gamma|^2 < |\beta|^2 = \mathrm{N}(\beta) = \varphi(\beta)$ となる。したがって、$\mathbb{Z}[i]$ はこの φ によりユークリッド環であり、$\mathbb{Z}[i]$ は整域であったので ED である。 □

さて、除法定理が成り立つ $\mathbb{Z}$ は単項イデアル環になったが、次で示すように、ユークリッド環であれば単項イデアル環になることがわかる。

定理 6.125
ユークリッド環は単項イデアル環である。とくに、整域については、ED ならば PID である。

[証明] R をユークリッド環とし、I を R の任意のイデアルとする。$I = \{0\}$ ならば $I = (0)$ となり単項イデアルである。よって、$I \neq \{0\}$ とする。φ をユー

クリッド環の定義をみたす $R-\{0\}$ から $\mathbb{N}$ への写像とし，I の 0 でない元で φ による像が最小となる元を $a \in I$ とする．$a \neq 0$ より，任意の $b \in I$ に対して，$b = aq + r$ をみたし，かつ，$r = 0$ または $\varphi(r) < \varphi(a)$ となる $q, r \in R$ が存在する．このとき $r = b - aq \in I$ であるので，$\varphi(a)$ の最小性より $r = 0$ でなければならない．したがって，$b = aq$ となる．よって，$b \in (a)$ であり，$I \subset (a)$ を得る．逆向きの包含関係は $a \in I$ より直ちに従うので，$I = (a)$ となり，よって I は単項イデアルである．以上より，R は単項イデアル環となる． □

例 6.126 $\mathbb{Z}$ は ED であったので，PID である．このことはすでに例 6.66 でも述べたことであるが，定理 6.125 からもわかる．

次も定理 6.125 が適用できる例である．

例 6.127 ガウス整数環 $\mathbb{Z}[i]$ は例題 6.124 より ED である．よって，定理 6.125 より PID である．

体 K 上の多項式環 $K[x]$ では $\mathbb{Z}$ と同様に除法定理が成り立ち，両者には類似点が多い．以下に，$\mathbb{Z}$ と類似する $K[x]$ の性質を 2 つほど述べる．

--- 例題 6.128 ---

体 K 上の多項式環 $K[x]$ は PID である．とくに，$K[x]$ のイデアル $I \neq \{0\}$ に対して，$I = (f(x))$ となるモニック多項式 $f(x) \in K[x]$ が唯一つ決まることを示せ．

[解答] 体 K 上の多項式環 $K[x]$ は例題 6.123 より ED である．よって，定理 6.125 より PID である．したがって，$K[x]$ のイデアル $I \neq \{0\}$ に対して，$I = (f(x))$ となる多項式 $f(x) \in K[x]$ が存在する．命題 6.47 と命題 6.71 より，$u \in K^{\times}$ について $uf(x)$ も I の生成元であるので，とくにモニック多項式がとれる．異なるモニック多項式は定数倍で等しくはならないので，$I = (f(x))$ となるモニック多項式 $f(x) \in K[x]$ は唯一つである． □

体 K 上の多項式環 $K[x]$ の 2 つの元 $f(x), g(x)$ について，少なくとも一方は 0 でないとする．このとき，イデアル $(f(x), g(x)) \neq \{0\}$ であるので，例題 6.128

より $(f(x), g(x)) = (d(x))$ となるモニック多項式 $d(x) \in K[x]$ が唯一つ決まる．この $d(x)$ を $f(x)$ と $g(x)$ の**最大公約多項式**という．とくに，$d(x) = 1$ であるとき，$f(x)$ と $g(x)$ は**互いに素**であるという．$f(x)$ と $g(x)$ が互いに素であるということは，$(f(x), g(x)) = K[x]$ となることと同値である．このとき，次が成り立つ．

例題 6.129

体 K 上の多項式環 $K[x]$ の 2 つの元 $f(x), g(x)$ について，少なくとも一方は 0 でないとし，$d(x) \in K[x]$ を $f(x)$ と $g(x)$ の最大公約多項式とする．このとき，
$$f(x)h(x) + g(x)k(x) = d(x)$$
となる $h(x), k(x) \in K[x]$ が存在することを示せ．また，$f(x)$ と $g(x)$ が互いに素ならば，$f(x)h(x) + g(x)k(x) = 1$ となる $h(x), k(x) \in K[x]$ が存在することを示せ．

解答 $(f(x), g(x)) = (d(x))$ より，とくに $(f(x), g(x)) \ni d(x)$ であるので，$f(x)h(x) + g(x)k(x) = d(x)$ となる $h(x), k(x) \in K[x]$ が存在する．また，$f(x)$ と $g(x)$ が互いに素ならば $d(x) = 1$ であるので，後半も従う． □

6.9 素元と既約元

R を可換環とする．$\mathbb{Z}$ において約数と倍数があったように，R においても約元と倍元が定まる．$a, b \in R$ について，$a = bc$ となる $c \in R$ が存在するとき，a を b の**倍元**，b を a の**約元**といい，$b \mid a$ と表す．また，そうでないとき，$b \nmid a$ と表す．さらに，$a = bc$ となる可逆元 $c \in R^\times$ が存在するとき，a と b は**同伴**であるといい，$a \approx b$ と表す．このとき，次が成り立つことは定義から直ちにわかる．

命題 6.130 R を可換環とし，$a, b, c, b_i, c_i \in R$ $(i = 1, \ldots, n)$ とする．
 (1) $a \mid b$ かつ $b \mid c$ ならば $a \mid c$ となる．
 (2) $a \mid b_i$ $(i = 1, \ldots, n)$ ならば $a \mid \sum_i c_i b_i$ となる．

6.9 素元と既約元

(3) 単元は R のすべての元の約元である.
(4) R のすべての元は零元の約元である.
(5) 同伴は R の同値関係である.

注意 6.131 可換環では，約元・倍元の関係とイデアルの包含関係について，命題 6.70 より，$b \mid a$ となることと $(a) \subset (b)$ となることは同値であるので，

$$a \mid b \text{ かつ } b \mid a \iff (a) = (b)$$

が成り立つ．また，整域においては，命題 6.71 より

$$a \approx b \iff (a) = (b)$$

が成り立つ．しかしながら，整域でなければ "$(a) = (b)$ ならば $a \approx b$" は一般に不成立であるので（注意 6.72 参照），"$a \mid b$ かつ $b \mid a$ ならば $a \approx b$" も整域でなければ一般に不成立である．

$\mathbb{Z}$ において素数とは，2 以上の整数で 1 とその数自身以外に正の約数をもたないものであった．素数を用いると，$\mathbb{Z}$ では素因数分解とその一意性（定理 3.32）が成り立つ．一意性の証明で利用される性質は，p を素数とするとき，$a, b \in \mathbb{Z}$ について $p \mid ab$ ならば $p \mid a$ または $p \mid b$ が成り立つ（命題 3.30），というものである．可換環でも約元と倍元が定義できたので，素数の定義で利用される素数の性質と素因数分解の一意性の証明で利用される素数の性質を利用して，それぞれの特性から 2 つの概念が定義できる．$\mathbb{Z}$ ではこの 2 つの特性は一致するのであるが，一般に可換環ではどうであろうか？

定義 6.132（既約元と素元） R を可換環とし，$p \in R$ を 0 でも単元でもない元とする．
(1) $a, b \in R$ について，$p = ab$ ならば $a \in R^{\times}$ または $b \in R^{\times}$ が成り立つとき，p を R の**既約元**という．
(2) $a, b \in R$ について，$p \mid ab$ ならば $p \mid a$ または $p \mid b$ が成り立つとき，p を R の**素元**という．

既約元の定義が素数の定義で利用される特性であり，素元の定義が素因数分解の一意性で利用される特性である．素元の定義はイデアルの言葉で言い換えると次のようになる．

命題 6.133 R を可換環とし, $p \in R, p \neq 0$ とするとき, 次が成り立つ.

$$p \text{ は素元である} \iff (p) \text{ は素イデアルである}.$$

証明 $a, b \in R$ とする. 素元の定義は, $p \mid ab$ ならば $p \mid a$ または $p \mid b$ となることである. これをイデアルを用いて書き換えると, $ab \in (p)$ ならば $a \in (p)$ または $b \in (p)$ となり, 素イデアルの定義となる. よって, 命題が従う. □

注意 6.134 既約元の定義は, 素数の定義に基づいているが, 素数の定義をそのまま利用すれば, p が 0 でも単元でもなく,

$(1')$ $a \in R$ について, $a \mid p$ ならば $a \in R^\times$ または $a \approx p$

となることと定めるのが自然に見える (つまり, $\mathbb{Z}$ において p の正の約数は 1 と p 自身だけであることに通じる). 一時的に, この定義を既約元の定義 2 とよび, 定義 6.132 で与えた定義を既約元の定義 1 とよぶことにする. このとき, 定義 1 をみたすならば定義 2 をみたすことは簡単に示せる. 実際, $a \mid p$ とするとき, $a \in R^\times$ ならば定義 2 をみたし, $a \notin R^\times$ ならば $p = ab$ となる $b \in R$ が存在し, 定義 1 より $b \in R^\times$ でなければならないので, $p \approx a$ となり, 定義 2 をみたす.

一方, 定義 2 が成り立つとしても, 定義 1 が成り立つとは限らない. たとえば, $\mathbb{Z}/6\mathbb{Z}$ における元 $\overline{3}$ を 2 つの元の積で表せば $\overline{3} = (\pm\overline{1}) \cdot \overline{3} = \overline{3} \cdot \overline{3} = \overline{3} \cdot (\pm\overline{1})$ ですべてである. よって, $\overline{3}$ は定義 2 をみたすが, $\overline{3} \notin (\mathbb{Z}/6\mathbb{Z})^\times$ より定義 1 はみたさない ($\overline{3}$ は $\overline{3} = \overline{3}^2$ となる. このような元を**巾等元**という). しかしながら, 既約元の定義において, p を零因子でも単元でもない元としておけば, 両者の条件は一致する. 実際, p が定義 2 をみたすとし, $p = ab$ とする. 仮に $a \notin R^\times$ かつ $b \notin R^\times$ として矛盾を導く. まず $a \mid p$ かつ $b \mid p$ より, $a \approx p$ かつ $b \approx p$ でなければならない. よって, ある $u, v \in R^\times$ により $a = pu, b = pv$ と表せて, $p = p^2 uv$ となる. このとき, $p(1 - puv) = 0$ となるが, 仮定より p は単元ではないので $1 \neq puv$ より p は零因子でなければならなくなるが, これは矛盾である. よって, 定義 1 をみたす. したがって, R が整域であれば (または, p を零因子でも単元でもない元とすれば), 既約元の定義 1 と定義 2 は同値となる.

R が整域であれば, 既約元と素元について次が成り立つ.

命題 6.135 整域 R においては, 素元はつねに既約元である.

証明 $p \in R$ を素元とし, $a, b \in R$ について $p = ab$ とする. p は素元であるのでとくに $p \neq 0$ である. まず, $p \mid ab$ なので, $p \mid a$ または $p \mid b$ である. 仮に $p \mid a$ とすると, $a = pc$ となる $c \in R$ が存在するので, $p = pcb$ を得る. 整域においては簡約律が成り立つので, $p \neq 0$ より $1 = bc$ を得る. よって, $b \in R^\times$

である．$p \mid b$ のときも同様にして $a \in R^\times$ が得られる．したがって，p は既約元である． □

命題 6.135 より整域では素元は既約元となるが，一般にこの逆は成り立たない（例 6.141 参照）．しかしながら，R が PID ならば，この逆も成り立つ．

命題 6.136 R が単項イデアル整域ならば，素元であることと既約元であることは同値である．つまり，素元と既約元は一致する．

証明 PID は整域であるので素元は既約元である．そこで，既約元ならば素元であることを示す．p を R の既約元とし，I を R のイデアルで $(p) \subset I$ となるものとする．R は PID であるので，$I = (a)$ となる $a \in R$ が存在する．このとき，$p \in (a)$ よりある $b \in R$ があって $p = ab$ である．p は既約元であるので，$a \in R^\times$ または $b \in R^\times$ が従う．ここで，もし $a \in R^\times$ ならば命題 6.70 より $I = (a) = R$ であり，もし $b \in R^\times$ ならば命題 6.71 より $I = (a) = (p)$ となるので，(p) は極大イデアルである．系 6.116 より極大イデアルは素イデアルであるので，命題 6.133 より p は素元であることがわかる． □

命題 6.136 の系として次が得られる．今までの流れからわかるように，素数が素元の性質をみたすこと（命題 3.30）は自明なことではなく，きちんと証明が必要なことである（上で与えた命題 6.136 の証明は命題 3.30 の証明とは異なる．命題 6.136 の別証も考えてみよう）．

系 6.137 $\mathbb{Z}$ では，素元と既約元は一致する．つまり，素数は素元かつ既約元である．

注意 6.138 命題 6.133 で素元と素イデアルの関係について述べたが，R が PID であれば，$p \in R, p \neq 0$ とするとき，次も成り立つ．

$$p \text{ は既約元} \iff (p) \text{ は極大イデアル}.$$

実際，"$\Rightarrow$" は命題 6.136 の証明で示してあり，"$\Leftarrow$" は，極大イデアルは素イデアルであり，素元は既約元であることから従う．

しかし，これは PID でなければ成り立たない．たとえば，$\mathbb{Z}[x]$ は，問 6.68 より単項でないイデアル $(x, 2)$ をもつので，PID ではない．$\mathbb{Z}[x]$ において，x は既約元であるが，$(x) \subsetneq (x, 2) \subsetneq \mathbb{Z}[x]$ より (x) は極大イデアルではない．

これまでにでてきた命題 6.133，命題 6.136，および，注意 6.138 をまとめる

と，単項イデアル整域では次が成り立つ．

命題 6.139 R が PID ならば，$a \in R, a \neq 0$ について，

(a) は素イデアル $\iff a$ は素元 $\iff a$ は既約元 $\iff (a)$ は極大イデアル

が成り立つ．すなわち，零イデアルでないイデアルについて，素イデアルであることと極大イデアルであることは同値である．

次に，ガウス整数環 $\mathbb{Z}[i]$，および，ガウス整数環と同様に定義できる $\mathbb{Z}[\sqrt{5}i]$ における既約元と素元の例を与える．i も $\sqrt{5}i$ も共に $\mathbb{Q}$ 係数の 2 次方程式の複素数解であるが，その様子は全く異なる．とくに，$\mathbb{Z}[\sqrt{5}i]$ では既約元が素元になるとは限らないことが確かめられる．

例 6.140 ガウス整数環 $\mathbb{Z}[i]$ は，例 6.127 でみた通り，PID であった．よって，$\mathbb{Z}[i]$ では素元と既約元は一致する．

たとえば，3 は $\mathbb{Z}[i]$ の既約元であり，よって，素元である．実際，$3 = (a+bi)(c+di), a, b, c, d \in \mathbb{Z}$ とすると，両辺のノルムをとれば，$9 = (a^2+b^2)(c^2+d^2)$ という $\mathbb{Z}$ における分解を得るので，可能な $a^2 + b^2$ と $c^2 + d^2$ の組は $(1, 9), (3, 3), (9, 1)$ のいずれかである．ここで，組 $(3, 3)$ となる $a, b, c, d \in \mathbb{Z}$ は存在しない．残りの組 $(1, 9), (9, 1)$ については，$a^2 + b^2 = 1$ または $c^2 + d^2 = 1$ より，$a+bi \in \mathbb{Z}[i]^\times$ または $c+di \in \mathbb{Z}[i]^\times$ であり，これらのときには $a, b, c, d \in \mathbb{Z}$ がきちんと定まる．よって，3 は $\mathbb{Z}[i]$ の既約元であり，よって，素元である．

同様にして，$2+i$ や $2-i$ も $\mathbb{Z}[i]$ の既約元であり，よって，素元であることが示せる．$\mathbb{Z}$ において既約元（よって素元）である素数 5 は，$5 = (2+i)(2-i)$ と既約元の積になる．よって，5 は $\mathbb{Z}[i]$ では既約元でも素元でもない．

例 6.141 ガウス整数環 $\mathbb{Z}[i]$ の類似として，虚数単位 i を複素数 $\sqrt{5}i$ にかえて得られる $\mathbb{C}$ の部分環

$$\mathbb{Z}[\sqrt{5}i] = \left\{ a + b\sqrt{5}i \,\middle|\, a, b \in \mathbb{Z} \right\}$$

について考える．$\mathbb{Z}[\sqrt{5}i]$ は $\mathbb{C}$ の部分環なので整域であり，$\mathbb{Z}[i]$ のときと同様にして $\mathbb{Z}[\sqrt{5}i]^\times = \{\pm 1\}$ となることもすぐにわかる．定義の仕方は $\mathbb{Z}[i]$ と同様であるが，以下に述べるように $\mathbb{Z}[\sqrt{5}i]$ には素元でない既約元が存在する．し

6.9 素元と既約元

たがって,命題 6.136 より $\mathbb{Z}[\sqrt{5}i]$ は PID ではなく,よって,ED でもないことがわかる.

たとえば,例 6.140 と同様にして,2 は $\mathbb{Z}[\sqrt{5}i]$ の既約元であることがわかる.一方,$2 \mid 6 = (1+\sqrt{5}i)(1-\sqrt{5}i)$ であるが,$2 \mid (1+\sqrt{5}i)$ も $2 \mid (1-\sqrt{5}i)$ も成り立たない.実際,たとえば $2 \mid (1+\sqrt{5}i)$ とすると,$2 = (1+\sqrt{5}i)(a+b\sqrt{5}i)$ となる $a, b \in \mathbb{Z}$ がとれる.よって,両辺の複素共役との積をとれば($\mathbb{Z}[i]$ でのノルムに相当する計算を行えば) $4 = 6(a^2+5b^2)$,つまり,$2 = 3(a^2+5b^2)$ という $\mathbb{Z}$ における分解を得る.しかし,$\mathbb{Z}$ において 2 は 3 の倍数でないので,このような $a, b \in \mathbb{Z}$ は存在しない.よって,$2 \nmid (1+\sqrt{5}i)$ である.同様にして $2 \nmid (1-\sqrt{5}i)$ もわかるので,2 は素元ではない.以上より,2 は $\mathbb{Z}[\sqrt{5}i]$ の素元でない既約元である.

同様にして,小さい素数では 3 や 7 は $\mathbb{Z}[\sqrt{5}i]$ の既約元であるが素元でないこと,および,上で登場した $1+\sqrt{5}i$ や $1-\sqrt{5}i$ も既約元であるが素元でないことが確かめられる.ちなみに,残りの 1 桁の素数である 5 は,$5 = \sqrt{5}i(-\sqrt{5}i)$ となるので $\mathbb{Z}[\sqrt{5}i]$ の既約元ではなく,$\mathbb{Z}[\sqrt{5}i]$ は整域なので素元でもない.ここまでは素元でない例ばかりであったが,2 桁の素数 11 は $\mathbb{Z}[\sqrt{5}i]$ の素元であり,よって,既約元となることが確かめられる.

問 6.142 11 は $\mathbb{Z}[\sqrt{5}i]$ の素元であることを示せ.

この節でも,体 K 上の多項式環 $K[x]$ について触れておく.$f(x)$ を体 K 上の多項式環 $K[x]$ の零元でも単元でもない元とする.ここで,$f(x)$ が既約元であるとき,つまり,ある $g(x), h(x) \in K[x]$ について $f(x) = g(x)h(x)$ ならば $g(x) \in K^\times$ または $h(x) \in K^\times$ が成り立つとき,$f(x)$ は K 上の**既約多項式**である,あるいは,$K[x]$ の**既約多項式**であるという.また単に,$f(x)$ は K 上**既約**であるともいう.$f(x)$ が K 上既約でないとき,$f(x)$ は K 上**可約**である,または,$f(x)$ は K 上の**可約多項式**あるいは $K[x]$ の**可約多項式**であるという.つまり,$f(x)$ が K 上可約であるとは,

$$f(x) = g(x)h(x), \quad \deg(g) \geq 1, \deg(h) \geq 1$$

となる $g(x), h(x) \in K[x]$ が存在することである.

例 6.143 $\mathbb{Q}[x]$ の多項式 $x^2 - 3x + 2$ は,$\mathbb{Q}[x]$ において $x^2 - 3x + 2 =$

$(x-1)(x-2)$ と 2 つの 1 次多項式 $x-1$ と $x-2$ の積で表せるので，$\mathbb{Q}$ 上で可約である．また，$\mathbb{Q}[x]$ の多項式 x^2-2 は $\mathbb{Q}$ 上の既約多項式であるが，$\mathbb{R}[x]$ では $x^2-2=(x+\sqrt{2})(x-\sqrt{2})$ と分解できるので，$\mathbb{R}$ 上では可約多項式となる．同様に，x^2+1 は $\mathbb{R}[x]$ の既約多項式であるが，$\mathbb{C}[x]$ では可約多項式である．なお，体 K 上の多項式環 $K[x]$ では $K[x]^\times = K^\times$ であったので，$\mathbb{Q}[x]$，$\mathbb{R}[x]$ や $\mathbb{C}[x]$ では零でない定数（定数多項式）は単数であり，既約性には本質的に無関係である．たとえば，$\mathbb{R}[x]$ では x^2+1 と $2(x^2+1)$ は同伴であり，どちらも $\mathbb{R}[x]$ の既約多項式である．

命題 6.139 より，$\mathbb{Z}$ において，$p\in\mathbb{Z}$ を 0 でない整数とするとき，

$$p \text{ は素数} \iff (p) \text{ は素イデアル} \iff (p) \text{ は極大イデアル}$$

が成り立つ．同様に命題 6.139 より，体 K 上の多項式環 $K[x]$ において次が成り立つことが直ちにわかる．

命題 6.144 体 K 上の多項式環 $K[x]$ において，$f(x)\in K[x], f(x)\ne 0$ とするとき，

$$f(x) \text{ は } K \text{ 上既約} \iff (f(x)) \text{ は素イデアル} \iff (f(x)) \text{ は極大イデアル}$$

が成り立つ．とくに，零でないイデアル $(f(x))$ が素イデアルであることと $f(x)$ が K 上の既約多項式であることは同値である．

定理 6.115 と命題 6.144 を合わせると，$\mathbb{Z}$ に関する命題 6.34 の類似として，次が得られる．

命題 6.145 K を体，$f(x)$ を 0 でない K 係数の多項式とする．このとき次は同値である．
 (1) $f(x)$ は K 上の既約多項式である．
 (2) 剰余環 $L=K[x]/(f(x))$ は K を部分体として含む体である．

証明 定理 6.115 と命題 6.144 より $f(x)$ が K 上既約であることと $K[x]/(f(x))$ が体であることは同値である．また，定数多項式はその定数の定める剰余類そのものであるので，L は K を部分体として含む． □

6.10 一意分解整域

前節では整数における素数の性質から生じる 2 つの概念である，既約元と素元を定義した．この節では，$\mathbb{Z}$ における素因数分解とその一意性の一般化として，整域において，素数の定義に起因する既約元による分解とその一意性がどのようなときに成り立つかについて述べる．一般的に眺めることによって，素数の定義から素因数分解とその一意性が直ちに成り立つのではなく，一意性には素元という性質が必要であることを確認する．

定義 6.146（一意分解整域） R を整域とする．R が次の 2 条件をみたすとき，R を**一意分解整域**（unique factorization domain）といい，略して UFD と表す．
(1) **(既約元分解できること)** 0 でも単元でもない R の任意の元 a は有限個の既約元の積で表せる．つまり，有限個の既約元 $p_1, p_2, \ldots, p_r$ により $a = p_1 p_2 \cdots p_r$ と書ける．
(2) **(分解の一意性)** 既約元分解は既約元の順序と同伴の差を除き一意的である．つまり，0 でも単元でもない R の任意の元 a について，$a = p_1 p_2 \cdots p_r = q_1 q_2 \cdots q_s$ を 2 通りの既約元分解とすれば，$r = s$，かつ，番号を付け替えれば任意の $i = 1, \ldots, r$ に対して $p_i \approx q_i$ となる．以下，このことを単に既約元分解は一意的であるという．

さて，整域では，素元は既約元であったが，一般にこの逆は成り立たなかった．しかしながら，既約元分解が可能な整域では次が成り立つ．

命題 6.147 R を既約元分解が可能な整域とするとき，次は同値である．
(1) 既約元は素元である（よって，素元と既約元は一致する）．
(2) 既約元分解は一意的である．

証明 (1) が成り立つとし，0 でも単元でもない元 $a \in R$ が $a = p_1 p_2 \cdots p_r = q_1 q_2 \cdots q_s$ と 2 通りに既約元分解できたとする．このとき，p_1 は素元であるので，$p_1 \mid q_1 q_2 \cdots q_s$ より $p_1 \mid q_1$ または $p_1 \mid q_2 \cdots q_s$ を得る．後者に同様の議論を繰り返せば，結局 $p_1 \mid q_i$ となる i が存在することがわかる．番号を付け替え

れば $p_1 \mid q_1$ とできて，ある $u \in R$ があって $q_1 = p_1 u$ と書ける．ここで，q_1 は既約元であり，p_1 は単元でないので，$u \in R^\times$ となり．よって $p_1 \approx q_1$ を得る．R は整域なので簡約律が成り立つから，最初の 2 通りの既約元分解より $p_2 \cdots p_r = u q_2 \cdots q_s$ を得る．$p_i \nmid u$ に注意すれば，得られた分解に同様の議論を行うことによって，番号を付け替えれば $p_2 \approx q_2$ を得る．以下，これを繰り返せば，$r = s$ でなくてはならず，任意の $i = 1, \ldots, r$ について $q_i \approx p_i$ が得られる．よって，既約元分解は一意的である．

次に (2) を仮定する．p を R の既約元とし，$a, b \in R$ について $p \mid ab$ とする．このとき，ある $c \in R$ があって $ab = pc$ となる．この両辺を既約元分解し，既約元分解の一意性を用いれば，p と同伴な既約元が a または b の既約元分解に現れる．よって，$p \mid a$ または $p \mid b$ である．したがって，p は R の素元である． □

命題 6.147 より次が従う．

定理 6.148 整域 R が一意分解整域であるための必要十分条件は次の 2 条件をみたすことである．
  (1) 既約元分解ができる．つまり，0 でも単元でもない R の元は有限個の既約元の積で表せる．
  (2) R の既約元は素元である．

証明 UFD であれば，(1) が成り立ち，さらにその既約元分解が一意的であるので，命題 6.147 より既約元は素元である．

逆に (1) と (2) が成り立てば，既約元分解ができて，再び命題 6.147 よりその既約元分解は一意的である．よって，UFD である． □

命題 6.147 や定理 6.148 より，一意分解整域では既約元と素元は一致し，また，既約元と素元が一致しなければ既約元分解の一意性は成り立たない．とくに一意分解整域での既約元分解は，素元による分解であり，**素元分解**ともよばれる．一方，整域では素元は常に既約元であったので，一意分解整域の定義において既約元を素元に置き換えた条件をみたす整域（素元分解ができれば，命題 6.147 の証明によりその分解は必然的に一意的である）は命題 6.147 より（定

6.10 一意分解整域

義 6.146 による）一意分解整域となる．つまり，既約元分解により UFD を定義しても，素元分解により UFD を定義しても同値なものになる．既約元分解というと，$\mathbb{Z}$ での素因数分解という表現とギャップを感じるかもしれないが，結局それは素元分解なのである．

具体的に既約元分解ができる整域として単項イデアル整域がある．

命題 6.149 単項イデアル整域 R では既約元分解ができる．

証明 R を PID とし，R の 0 でも単元でもない元で既約元分解ができない元 $a_0 \in R$ が存在したとする．このとき，a_0 は既約元でないので，$a_0 = a_1 a_1'$ をみたす単元でない $a_1, a_1' \in R$ が存在する．ここで，a_1 も a_1' も既約元分解できるとすると，それらの積である a_0 も既約元分解できることになり，仮定に反する．よって，a_1 と a_1' の少なくとも一方は既約元分解できない．いま仮にそれを a_1 とすると，$(a_0) \subsetneq (a_1) \subsetneq R$ が成り立つ．この議論を繰り返すと，イデアルの列 $(a_0) \subsetneq (a_1) \subsetneq (a_2) \subsetneq \cdots \subsetneq R$ が得られる．そこで，$I = \bigcup_{i=0}^{\infty} (a_i)$ とおく．このとき，I の元 b はある n があって $b \in (a_n)$ となることに注意すれば，I は R のイデアルとなることが確かめられる．R は PID より，$I = (c)$ となる $c \in R$ が存在する．$c \in I$ より，この c についてもある m があって $c \in (a_m)$ となるので，$I \subset (a_m) \subset I$，つまり，$(a_m) = (a_{m+1}) = \cdots = (c) = I$ でなければらない．しかし，これは任意の整数 $i \geq 0$ について $(a_i) \subsetneq (a_{i+1})$ となることに反する．したがって，R の 0 でも単元でもない元で既約元分解ができない元 $a_0 \in R$ は存在しない．つまり，PID では既約元分解ができる． □

命題 6.136 より単項イデアル整域では既約元と素元は一致したので，定理 6.148 と命題 6.149 より次の定理が直ちに従う．

定理 6.150 単項イデアル整域は一意分解整域である．つまり，PID は UFD である．

例 6.151 $\mathbb{Z}$ は PID であったので，UFD である．このとき，$\mathbb{Z}$ の既約元は素数と同伴な整数，つまり，p を素数とするとき p または $-p$ の形の整数であり，既約元分解とその一意性（つまり，素元分解とその一意性）は素因数分解とそ

の一意性に他ならない．

例 6.152 体 K 上の多項式環 $K[x]$ は PID であったので，UFD である．このとき，$K[x]$ の既約元 $f(x)$ とは K 上の既約多項式のことであったので，既約元分解とは既約多項式への分解である．なお，0 でない定数は $K[x]$ の単元であるので，$\mathbb{Z}$ における ± 1 と同様に同伴の差を与えるだけである．たとえば，$x^4 - 1$ は $\mathbb{R}[x]$ では $x^4 - 1 = (x+1)(x-1)(x^2+1)$ と因数分解されるが，これは $\mathbb{R}[x]$ での既約元分解である．これに対して，$x^4 - 1 = (2x+2)(\frac{1}{2}x - \frac{1}{2})(x^2+1)$ も $\mathbb{R}[x]$ での既約元分解であり，$x + 1 \approx 2(x+1)$ と $x - 1 \approx \frac{1}{2}(x-1)$ より，同伴の違いを除けば一致している．一方，$\mathbb{C}[x]$ で考えれば，i を虚数単位とするとき，$x^4 - 1 = (x+1)(x-1)(x+i)(x-i)$ と因数分解できて，これが $\mathbb{C}[x]$ での既約元分解となる．

例 6.153 ガウス整数環 $\mathbb{Z}[i]$ は PID であったので，UFD である．

例 6.154 $\mathbb{Z}[\sqrt{5}i]$ は UFD ではない．実際，例 6.141 より，2 は $\mathbb{Z}[\sqrt{5}i]$ の既約元であるが素元ではなかった．つまり，既約元ならば素元という条件は成り立たない．よって，定理 6.148 より，$\mathbb{Z}[\sqrt{5}i]$ は UFD ではない．

　このことをより具体的にみてみる．たとえば，6 は

$$6 = 2 \cdot 3 = (1 + \sqrt{5}i)(1 - \sqrt{5}i)$$

と書けるが，例 6.141 で述べたように，$2, 3, 1+\sqrt{5}i, 1-\sqrt{5}i$ はすべて $\mathbb{Z}[\sqrt{5}i]$ の既約元であり，$\mathbb{Z}[\sqrt{5}i]^{\times} = \{\pm 1\}$ なので，順序や同伴の差を除いても一致することはない．よって，6 は 2 通りの既約元分解をもつ．したがって，定理 6.148 を用いずとも，既約元分解とその一意性が成り立たないことがわかる．

　定理 6.125 と定理 6.150 によって

$$\text{ED} \implies \text{PID} \implies \text{UFD}$$

が成り立つ．この関係を図示すれば以下のようになる：

6.10 一意分解整域

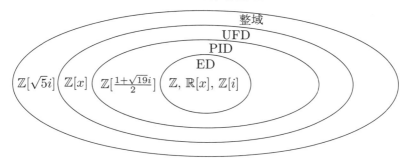

ここで, $\mathbb{Z}, \mathbb{R}[x], \mathbb{Z}[i]$ は 6.8 節や本節に例として登場し, $\mathbb{Z}[\sqrt{5}i]$ は例 6.154 で確認したものである. また, $\mathbb{Z}[x]$ については次の小節でその性質を述べる. PID であるが ED でない例として, $\mathbb{Z}[\frac{1+\sqrt{19}i}{2}]$ はよく知られた例であるが, 証明は他書に譲る (たとえば文献 [6] の例 37.12 参照).

UFD 上の多項式環

この小節では一意分解整域 R 上の多項式環 $R[x]$ が再び一意分解整域となることを述べ, 典型的な例として $\mathbb{Z}$ 上の多項式環 $\mathbb{Z}[x]$ を紹介する.

R を一意分解整域とし, $a_1, \ldots, a_n \in R$ とする. すべての $i = 1, \ldots, n$ について $d \mid a_i$ となる $d \in R$ を $a_1, \ldots, a_n$ の**公約元**といい, これらの公約元 d のうち, 任意の公約元 d' について $d' \mid d$ となるものを $a_1, \ldots, a_n$ の**最大公約元**という. また, すべての $i = 1, \ldots, n$ について $a_i \mid m$ となる $m \in R$ を $a_1, \ldots, a_n$ の**公倍元**といい, これらの公倍元 m のうち, 任意の公倍元 m' について $m \mid m'$ となるものを $a_1, \ldots, a_n$ の**最小公倍元**という. このとき, 次のことは直ちにわかる.

命題 6.155 R を一意分解整域, $a_1, \ldots, a_n \in R$ を 0 でない元とし, その既約元分解を $a_i = \varepsilon_i p_1^{e_{i1}} \cdots p_r^{e_{ir}}$ とする. ここで, ε_i は単元, $p_1, \ldots, p_r$ は同伴でない既約元 (よって素元. 各同伴な元の類から代表元を固定しておく), $e_{ij} \geq 0$ は整数である (p_j を約元にもたないときには $e_{ij} = 0$ である). このとき, $j = 1, \ldots, r$ について, $u_j = \min\{e_{ij} \mid 1 \leq i \leq n\}$, $v_j = \max\{e_{ij} \mid 1 \leq i \leq n\}$ とおくと, $p_1^{u_1} \cdots p_r^{u_r}$ は最大公約元, $p_1^{v_1} \cdots p_r^{v_r}$ は最小公倍元となる. ここで, min と max はそれぞれ各集合に含まれる整数の最小値と最大値である. とくに, UFD では最大公約元と最小公倍元が存在する. ただし, 単元の違いは生じる.

R を一意分解整域, $a_1, \ldots, a_n \in R$ とする. 0 の約元は R のすべての元であり, 0 の倍元は 0 だけであるので, $a_1, \ldots, a_n \in R$ のなかに 0 が含まれていても, 命題 6.155 と合わせて最大公約元と最小公倍元は単元の違いを除いて定まる. たとえば, $a \in R, a \neq 0$ とするとき, a と 0 の最大公約元は a であり, 0 と 0 の最大公約元は 0 となる. また, a と 0 の最小公倍元は 0 であり, 0 と 0 の最小公倍元も 0 である. とくに, 最大公約元として 1 がとれるとき, $a_1, \ldots, a_n$ は**互いに素**であるという.

R 上の多項式環 $R[x]$ の元 $f(x) = \sum_{i=0}^{n} a_i x^i \neq 0$ について, その係数 $a_0, \ldots, a_n$ の最大公約元を $c(f) \in R$ で表す. $c(f)$ は単元の違いを除いて一意的に定まる. とくに, $c(f) = 1$ ととれるとき, $f(x)$ を $R[x]$ の**原始多項式**, または, R 上**原始的**であるという. 原始多項式について重要な性質をあげておく.

例題 6.156（ガウスの補題）

R を一意分解整域とする. $R[x]$ の原始多項式の積は再び $R[x]$ の原始多項式となることを示せ.

【解答】 $p \in R$ を任意の既約元とする. $f(x) = \sum_{i=0}^{n} a_i x^i$ と $g(x) = \sum_{i=0}^{m} b_i x^i$ を $R[x]$ の原始多項式とすると, それぞれの係数について p で割れないものが存在する. そこで, $f(x)$ と $g(x)$ において p で割れない係数のうち次数が最大の項の係数をそれぞれ a_j, b_k とする. このとき, 積 $f(x)g(x)$ の x^{j+k} の係数 c_{j+k} は

$$c_{j+k} = a_0 b_{j+k} + \cdots + a_{j-1} b_{k+1} + a_j b_k + a_{j+1} b_{k-1} + \cdots + a_{j+k} b_0$$

である. ここで, 未定義の a_i や b_i は 0 とする. 仮定より $p \nmid a_j b_k$ であるが, c_{j+k} の他のすべての項 $a_r b_s$ ($r \neq j, s \neq k$) は p で割り切れるので, $p \nmid c_{j+k}$ を得る. よって, $p \nmid f(x)g(x)$ である. つまり, $p \mid c(fg)$ となる既約元 p は存在しないので, $f(x)g(x)$ は原始多項式である. □

一意分解整域 R 上の多項式環 $R[x]$ の元 $f(x) \neq 0$ は, $c = c(f) \in R$ とある $R[x]$ の原始多項式 $f_0(x)$ があって $f(x) = c f_0(x)$ と表せる. さらに, K を R の商体とし, $f(x) = \sum_{i=0}^{n} a_i x^i$ を K 上の多項式環 $K[x]$ の 0 でない元とする. このとき, 各 i について共通分母を用いて $a_i = \frac{b_i}{a}$ ($b_i, a \in R$) と書ける.

そこで，$b_0, \ldots, b_n$ の最大公約元を d とすれば，$f(x) \in K[x]$ についても，ある $\frac{d}{a} \in K$ ($a, d \in R$) と $R[x]$ の原始多項式 $g(x)$ を用いて $f(x) = \frac{d}{a}g(x)$ と表せる．

$R[x]$ での既約元分解を考えるにあたり，$R[x]$ の単元と既約元について述べておく．まず，$R[x]$ の単元群は R が整域より $R[x]^\times = R^\times$ である．よって，$R[x]$ の単元は R の単元である．次に，$R[x]$ の既約元について確認する．まず，体上の多項式環のときと同様に，$R[x]$ の既約元を $R[x]$ の**既約多項式**または R 上の**既約多項式**，あるいは，単に R 上**既約**であるとよぶ．既約でない場合は R 上**可約**である，または，$R[x]$ の**可約多項式**であるという．体上の多項式環では零でない定数だけの多項式（0 次多項式）は単元であって既約元ではなかったが，R が体でない場合には，単元でない定数も存在するので，$R[x]$ では 0 次の既約多項式（既約な定数多項式）も存在する．$R[x]$ の既約元について次の命題にまとめておく．

命題 6.157 R を一意分解整域，K を R の商体，$R[x]$ を R 上の多項式環とするとき，次が成り立つ．

(1) 次は同値である．
  (a) $f(x)$ は $R[x]$ の $\deg(f) = 0$ の既約多項式である．
  (b) R のある既約元 p があって $f(x) = p$ となる．
(2) 次は同値である．
  (a) $f(x)$ は $R[x]$ の $\deg(f) \geq 1$ の既約多項式である．
  (b) $f(x)$ は $R[x]$ の原始多項式，かつ，$K[x]$ の既約多項式である．

証明 (1) 定数多項式 $f(x)$ について $f(x) = g(x)h(x)$ となる $g(x), h(x) \in R[x]$ があれば，次数の関係より $g(x)$ も $h(x)$ も定数多項式である．よって，これは R の中での分解となり，定数多項式 $f(x)$ が $R[x]$ の既約多項式であることと $f(x)$ が R の既約元であることは同値となる．

(2) $R[x]$ の原始多項式 $f(x)$ が $K[x]$ の既約多項式であれば，$f(x)$ は 0 次ではなく，また，$K[x]$ 上で 1 次以上の 2 つの多項式には分解できず，さらに，係数は互いに素であるので定数多項式も分解に現れない．したがって，$f(x)$ は $R[x]$ の 1 次以上の既約多項式である．よって，(b) ⇒ (a) が成り立つ．あとは

(a) ⇒ (b) を示す.

$f(x)$ を $R[x]$ の 1 次以上の既約多項式とする.仮に $f(x)$ が $R[x]$ の原始多項式でなければ係数の最大公約元で割り切れるので,$f(x)$ は $R[x]$ の既約な定数多項式と 1 次以上の多項式に分解できることになり矛盾する.よって,$f(x)$ は $R[x]$ の原始多項式である.次に $f(x)$ は $K[x]$ の可約な多項式であると仮定する.つまり,$f(x) = g(x)h(x), \deg(g) \geq 1, \deg(h) \geq 1$ となる $g(x), h(x) \in K[x]$ が存在したとする.このとき,ある $r, s \in K$ と $R[x]$ の原始多項式 $g_0(x), h_0(x)$ があって $g(x) = rg_0(x), h(x) = sh_0(x)$ と書けるので,K の元を R の元の商で表し,これを $f = gh$ に代入し分母を払えば,ある $a, b \in R$ があって $af(x) = bg_0(x)h_0(x)$ となる.ここで,R は UFD であるので,a と b が公約元をもてば簡約律によりその公約元で割ることができるので,a と b はとくに互いに素とできる.ガウスの補題(例題 6.156)より $g_0(x)h_0(x)$ は $R[x]$ の原始多項式であり,すでに示したように $f(x)$ も R 上原始的であるので,$b = au$ となる $u \in R^\times$ が存在し,$R[x]$ において $f(x) = ug_0(x)h_0(x)$ となる分解が得られる.つまり,$f(x)$ は $R[x]$ でも可約となり,$R[x]$ の既約多項式であることに反する.よって,$R[x]$ の 1 次以上の既約多項式は $K[x]$ でも既約である. □

命題 6.158 一意分解整域 R 上の多項式環 $R[x]$ では既約元分解ができる.

証明 $f(x) \in R[x]$ を 0 でも単元でもない元とし,次数に関する数学的帰納法を用いて示す.まず $\deg(f) = 0$ ならば,$f(x) = a \in R$ であり,R が UFD より $f(x)$ は R の既約元の積で表せる.命題 6.157 の (1) より,R の既約元は $R[x]$ の既約元であるので,以上より $\deg(f) = 0$ のときには既約元分解ができる.

次に $R[x]$ の $n-1$ 次以下の多項式は既約元分解できるとし,$\deg(f) = n > 0$ とする.まず,$c = c(f) \in R$ と $R[x]$ の原始多項式 $f_0(x)$ を用いて $f(x) = cf_0(x)$ と表す.c は既約元の積で表せるので,$f_0(x)$ が既約元ならば $f(x)$ は既約元分解できたことになる.$f_0(x)$ が既約元でなければ,$f_0(x) = g(x)h(x)$, $f(x), h(x) \in R[x] - R^\times$ と書ける.もし $g(x) = a \in R - R^\times$ であれば $f_0(x)$ の係数が a で割れることになり,$f_0(x)$ が原始的であることに矛盾する.よって,$\deg(g) \geq 1$ である.同様にして $\deg(h) \geq 1$ もわかる.したがって,次数の関係より $\deg(g) < n$ かつ $\deg(h) < n$ となる.帰納法の仮定より $g(x)$ も $h(x)$

6.10 一意分解整域

も既約元分解ができるので，$f_0(x)$ も既約元分解ができ，よって，$f(x)$ は既約元分解できることが従う． □

次が目的の定理である．体も UFD と見なせば（体は PID であるが，体には 0 でも単元でもない元は存在しない），この定理は例 6.152 で述べたことの一般化とみることもできる．

定理 6.159 一意分解整域 R 上の多項式環 $R[x]$ は一意分解整域である．

証明 命題 6.158 より既約元分解ができるので，あとは一意性を示す．そのためには命題 6.147 より既約元が素元であることを示せばよい．$f(x)$ を $R[x]$ の既約元とし，$g(x), h(x) \in R[x]$ について $f(x) \mid g(x)h(x)$ とする．

まず $\deg(f) = 0$ であれば，命題 6.157 よりある R の既約元 p があって $f(x) = p$ である．$a = c(g), b = c(h) \in R$ と $R[x]$ の原始多項式 $g_0(x), h_0(x)$ を用いて $g(x) = ag_0(x), h(x) = bh_0(x)$ と表すと，ガウスの補題より $g_0(x)h_0(x)$ も $R[x]$ の原始多項式であるので，$p \mid ab$ を得る．R は UFD より p は R の素元であるので，$p \mid a$ または $p \mid b$ が得られる．よって，$f(x) = p \mid g(x)$ または $f(x) = p \mid h(x)$ となり，$f(x)$ は $R[x]$ の素元である．

次に $\deg(f) \geq 1$ とする．K を R の商体とすれば，命題 6.157 より $f(x)$ は $K[x]$ で既約多項式であり，$K[x]$ は UFD より $f(x)$ は $K[x]$ の素元である．よって，$f(x) \mid g(x)h(x)$ が $K[x]$ でも成り立つことから，$f(x) \mid g(x)$ または $f(x) \mid h(x)$ が $K[x]$ で成り立つ．そこで，たとえば $K[x]$ で $f(x) \mid g(x)$ とすると，$g(x) = f(x)k(x), k(x) \in K[x]$ と書ける．このとき，ある互いに素な $a, b \in R$ と $R[x]$ の原始多項式 $k_0(x)$ を用いて $k(x) = \frac{b}{a}k_0(x)$ と表すと，$ag(x) = bf(x)k_0(x)$ を得る．命題 6.157 より $f(x)$ は $R[x]$ の原始多項式であるので，ガウスの補題より $f(x)k_0(x)$ も $R[x]$ の原始多項式である．よって，a と b が互いに素より $a \in R^{\times}$ がわかる．したがって，$k(x) \in R[x]$ であり，$g(x) = f(x)k(x)$ は $R[x]$ での分解となる．つまり，$R[x]$ でも $f(x) \mid g(x)$ が成り立つ．$K[x]$ で $f(x) \mid h(x)$ となる場合についても同様に示せるので，$f(x)$ は $R[x]$ の素元である． □

最後に，PID ではないが UFD である $\mathbb{Z}[x]$ を例としてあげる．$\mathbb{Z}[x]$ は UFD

であるので，$\mathbb{Z}$ 係数の多項式のいわゆる因数分解は，係数の共通因数として括り出された整数の素因数分解を除けば，既約元分解ということになる．なお，$\mathbb{Z}[x]$ が PID でないことは注意 6.138 でも触れたが，ここでは別の視点からそのことを示す．

例 6.160 $\mathbb{Z}$ 上の多項式環 $\mathbb{Z}[x]$ は定理 6.159 より UFD である．$\mathbb{Z}[x]$ の単元群は $\mathbb{Z}[x]^\times = \mathbb{Z}^\times = \{\pm 1\}$ であるので，0 または ± 1 以外の定数多項式は単元ではなく，既約元の積に分解できる．たとえば，$x^2 - 1 \in \mathbb{Z}[x]$ は $\mathbb{Z}[x]$ において $x^2 - 1 = (x+1)(x-1)$ と分解され，これが $\mathbb{Z}[x]$ での既約元分解である．また，$6x^2 - 6 = 6(x^2 - 1) \in \mathbb{Z}[x]$ は，$x^2 - 1$ と同伴ではなく，$6x^2 - 6 = 2 \cdot 3 \cdot (x+1)(x-1)$ と分解され，これが $\mathbb{Z}[x]$ での既約元分解となる．一方，例 6.119 で述べたようにイデアル (x) は素イデアルであるが極大イデアルではない．よって，命題 6.139 より $\mathbb{Z}[x]$ は PID ではない．

■■演習問題■■■■■■■■■■■■■■■■■■■■■■■■■■■■■
◆**演習 1** $\mathbb{Z}[\sqrt{2}] = \{a + b\sqrt{2} \mid a, b \in \mathbb{Z}\}$ は整域であることを示せ．
◆**演習 2** $\mathbb{Q}[\sqrt{3}] = \{a + b\sqrt{3} \mid a, b \in \mathbb{Q}\}$ は体であることを示せ．
◆**演習 3** i を虚数単位とし，複素数成分の 2 次正方行列において
$$E = \begin{pmatrix} 1 & 0 \\ 0 & 1 \end{pmatrix}, \ I = \begin{pmatrix} i & 0 \\ 0 & -i \end{pmatrix}, \ J = \begin{pmatrix} 0 & 1 \\ -1 & 0 \end{pmatrix}, \ K = \begin{pmatrix} 0 & i \\ i & 0 \end{pmatrix}$$
とおき，$\mathbb{H} = \{aE + bI + cJ + dK \mid a, b, c, d \in \mathbb{R}\}$ とするとき，次を示せ．
   (1) $I^2 = J^2 = K^2 = -E, IJ = -JI = K, JK = -KJ = I, KI = -IK = J$ となる．
   (2) $X = aE + bI + cJ + dK$ に対して，$\overline{X} = aE - bI - cJ - dK \in \mathbb{H}$ とおけば，$X\overline{X} = \overline{X}X = (a^2 + b^2 + c^2 + d^2)E$ が成り立つ．
   (3) $\mathbb{H}$ は斜体（非可換な体）である．これをハミルトンの**四元数体**とよぶ．
◆**演習 4** 素数個の元からなる可換環は体であることを示せ．
◆**演習 5** 剰余環 $\mathbb{Z}/7\mathbb{Z}$, $\mathbb{Z}/8\mathbb{Z}$, $\mathbb{Z}/12\mathbb{Z}$ の演算表を作成せよ．
◆**演習 6** 剰余環 $\mathbb{Z}/60\mathbb{Z}$ の可逆元，零因子をすべて求めよ．
◆**演習 7** 剰余環 $\mathbb{Z}/60\mathbb{Z}$ のイデアル，素イデアル，極大イデアルをすべて求めよ．
◆**演習 8** $\mathbb{Z}[x]/(x^2 - 2) \simeq \mathbb{Z}[\sqrt{2}]$ となることを示せ．
◆**演習 9** $\mathbb{Z}[\sqrt{2}]$ と $\mathbb{Z}[\sqrt{3}] = \{a + b\sqrt{3} \mid a, b \in \mathbb{Z}\}$ は環同型でないことを示せ．

演習問題

◆**演習 10** R を環, T を R の部分環, I を R のイデアルとするとき, 次を示せ.
  (1) $T+I$ は R の部分環, I は $T+I$ のイデアル, $T\cap I$ は T のイデアルである.
  (2) $T/(T\cap I)\simeq(T+I)/I$ が成り立つ (**第一同型定理**).

◆**演習 11** R を環とし, I, J を $I\subset J$ となる R のイデアルとする. このとき $(R/I)/(J/I)\simeq R/J$ となることを示せ (**第二同型定理**).

◆**演習 12** 体 K 上の 2 変数多項式環 $K[x,y]$ において, (x) は極大イデアルでない素イデアルであることを示せ. とくに, $K[x,y]$ は PID ではない.

◆**演習 13** $\mathbb{Z}[\sqrt{5}i]$ のイデアルを $P_1=(2,1+\sqrt{5}i)$, $P_2=(2,1-\sqrt{5}i)$, $Q_1=(3,1+\sqrt{5}i)$, $Q_2=(3,1-\sqrt{5}i)$ とおくとき, 次を示せ.
  (1) P_1, P_2, Q_1, Q_2 は単項イデアルではない.
  (2) P_1, P_2, Q_1, Q_2 は極大イデアル (よって素イデアル) である.
  (3) $P_1=P_2$, $(2)=P_1^2$, $(3)=Q_1Q_2$, $(1+\sqrt{5}i)=P_1Q_1$, $(1-\sqrt{5}i)=P_2Q_2$ が成り立つ. とくに, $(6)=P_1P_2\cdot Q_1Q_2=P_1Q_1\cdot P_2Q_2=P_1^2Q_1Q_2$ となる.

◆**演習 14** R を UFD とし, K を R の商体とする. R 上の多項式環 $R[x]$ の定数でない元 $f(x)=\sum_{i=0}^n a_ix^i$ について, ある素元 $p\in R$ が存在して,
$$p\mid a_i\ (i=0,1,\ldots,n-1),\quad p\nmid a_n,\quad p^2\nmid a_0$$
をみたすとき, $f(x)$ は K 上既約であることを示せ (**アイゼンシュタインの定理**).

◆**演習 15** $\mathbb{C}[x]$ および $\mathbb{R}[x]$ の既約元をすべて求めよ.

◆**演習 16** 整域 R 上の多項式環 $R[x]$ について, $R[x]$ が PID であることと R が体であることは同値であることを示せ.

参 考 文 献

本書を書くにあたり，内容や項目を考える上で参考とした文献は，

[1] 稲葉栄次，現代代数の基礎（サイエンスライブラリ数学 =14），サイエンス社，1974.
[2] 藤﨑源二郎，代数的整数論入門（上）（基礎数学選書 13A），裳華房，1975.

である．本書では環については [1] より豊富な内容を扱っているが，[1] には本書では取り上げなかった共役類や環が作用する加群の話が，[2] にはさらに p 群，体の拡大，有限体，ガロア理論やネーター環など一通り群・環・体の基本事項がコンパクトにまとめてある．

実際の執筆においては，上記の文献の他に講義等の準備で参考とした以下の文献の影響も大きく受けている．とくに [5], [6] および [17] は本文でも引用している．また [9] としてトポロジーの文献があるが，これは第 5 章の執筆において影響を受けたものである．

[3] 浅野重初，代数学 1 -基礎概念・環・加群-（数学全書），森北出版，1973.
[4] 石田信，代数学入門，実教出版，1978.
[5] 彌永昌吉，有馬哲，浅枝陽，詳解 代数入門，東京図書，1990.
[6] 木田雅成，数理・情報系のための整数論講義（SGC ライブラリ 58），サイエンス社，2007.
[7] 菅野恒雄，代数学 2 -群・体-（数学全書），森北出版，1976.
[8] 栗原章，代数学（数理科学パースペクティブ 3），朝倉書店，1997.
[9] 田村一郎，トポロジー（岩波全書），岩波書店，1972.
[10] 寺田文行，数理・情報系のための代数系の基礎（新数学ライブラリ =8），サイエンス社，1990.
[11] 永尾汎，代数学（新数学講座 4），朝倉書店，1983.
[12] 中島匠一，代数と数論の基礎（共立講座 21 世紀の数学 9），共立出版，2000.
[13] 松坂和夫，代数系入門，岩波書店，1976.
[14] 雪江明彦，代数学 1 群論入門，日本評論社，2010.
[15] 雪江明彦，代数学 2 環と体とガロア理論，日本評論社，2010.
[16] André Weil（片山孝次，丹羽敏雄，田中茂，長岡一昭 訳），初学者のための整数論，現代数学社，1995.

参 考 文 献

[17] Pierre Samuel, About Euclidean rings, *J. Algebra* **19** (1971), pp. 282–301.

本書でも扱いたかったが紙数の関係で割愛した群の作用（共役類と類等式），可解群，巾零群，p 群（シローの定理），環が作用する加群，ネーター環，デデキント環（素イデアル分解）などについては（どの文献にも記載があるわけではないが）上記文献などは良い参考となる．また，当初から本書の枠外とした体の理論（体の拡大，ガロア理論，方程式の代数的可解性）についても上記の多くの文献に書かれており参考となるが，この他にもガロア理論の文献は代数方程式の立場から書かれたものや純粋に代数的な立場で書かれたものまで豊富にあるので，是非書店で眺めて見て頂きたい．

「まえがき」でも触れた通り，本書は基本的に高校数学までの範囲を既知事項として書いているが，第 5 章では理論を追う上で線形代数学の知識を既知としている（他の章でも例の中で必要になる部分はある）．線形代数学についてはすでに手持ちの文献があればそれを見て頂ければよいが，合同変換に詳しい文献として [18] を，本格的な文献として [19] を参考までにあげておく．

[18] 齋藤正彦，線型代数入門（基礎数学 1），東京大学出版会，1966.
[19] 佐武一郎，線型代数学（数学選書 1），裳華房，1974（新装版 2015）．

ここであげた文献以外にも洋書も含めて代数学の良書はある．本書を読了の後，それぞれの感性にあった文献でさらに進んだ内容へと関心を移し，それぞれの分野で活用して頂ければ幸いである．

索 引

あ 行

アーベル群　47
アーベル群の基本定理　113
アイゼンシュタインの定理　193
余り　22
位数　50
一意分解整域　183
1 変数多項式環　140
一致　2, 3
一般線形群　48
イデアル　146
因数　26
因数定理　143
写す　3
写る　3
埋め込み　80
埋め込み写像　80
演算　41
演算表　46
オイラー関数　94
同じ　2, 3

か 行

外部自己同型群　92
ガウス整数環　139
ガウスの補題　188
可換　42
可換環　126
可換群　47
可逆　43, 132
可逆元　43, 132
核　85, 159

加群　47
加法　42
加法群　47
加法について閉じている　23
可約　181, 189
可約多項式　181, 189
環　124
関係　14
環準同型　157
環準同型定理　162
関数　3
完全代表系　15
環同型　157, 160
簡約律　48, 131
奇置換　68
基本行列　105
基本変形　104
既約　181, 189
逆関数　5
既約元　177
逆元　43, 124, 132
既約元分解　183
逆写像　5
既約剰余類群　156
逆像　6
既約多項式　181, 189
逆変換　5
共通部分　8
共役部分群　100
極大イデアル　170
空集合　1
偶置換　68
群　45

索　引

結合律　42
元　1
原始多項式　188
原始的　188
減法について閉じている　23
交換子　101
交換子群　101
交換律　42
合成関数　4
合成写像　4
合成数　33
合成変換　4
交代群　68
合同　35, 153
合同式　153
恒等写像　3
恒等置換　59
合同変換　56
合同類　153
公倍元　187
公倍数　26
公約元　187
公約数　26
互換　61

さ　行

最高次の係数　139
最小公倍元　187
最小公倍数　27
最大公約元　187
最大公約数　26
最大公約多項式　176
差集合　8
差積　66
四元群　51
四元数群　51
四元数体　192
自己同型群　92
自己同型写像　91

指数　73
次数　139
自然な準同型写像　81, 158
実数体　134
指標　115
指標群　116
自明なイデアル　147
自明な部分群　51
射影　13, 18
射影直線　20
写像　3
斜体　134
集合　1
集合族　2
巡回群　54
巡回置換　61
順序対　12
準同型　79, 157
準同型写像　79, 157
準同型定理　87, 161
商　22
商群　77
商集合　18
商体　145
乗法　41
乗法群　132
剰余環　155
剰余群　77
剰余類　153
剰余類群　77
初等整数論の基本定理　34
除法定理　22, 143
真部分集合　2
推移律　15
整域　132
正規部分群　75
正規部分群の判定定理　75
制限　4
整数環　126

整数部分　17
生成　54, 149, 150
生成系　54
生成元　54
正則　43, 132
正則元　43, 132
成分　13
積　41
零因子　130
零環　125
零元　124
0次多項式　139
零写像　80
零多項式　139
全行列環　126
全射　4
全準同型（写像）　79, 157
全単射　4
素イデアル　170
素因数分解　34
像　3, 6, 85, 159
双対定理　121
素元　177
素元分解　184
素数　33

た 行

体　134
対称群　48
対称律　15
代表元　15
互いに素　28, 63, 176, 188
多項式　139
多項式環　126, 140, 144
単位群　45
単位元　43, 124
単位指標　116
単因子　107
単元　43, 132

単元群　132
単項イデアル　150
単項イデアル環　150
単項イデアル整域　150
単項左イデアル　150
単射　4
単純群　75
単準同型（写像）　79, 157
単数　43, 132
置換　59
中国剰余定理　165, 166, 167
中心　59
中心化群　59
直積　12, 96, 99, 164
直交群　56, 100
定数多項式　139
同型　79, 80, 157
同型写像　79, 157
同型定理　89, 90, 91, 193
同値　15
同値関係　15
同値類　15
同伴　176
特殊線形群　53
閉じている　42

な 行

内部自己同型群　92
内部自己同型写像　92
二項演算　41
二面体群　56
ねじれ部分群　112
ノルム　174

は 行

倍元　176
倍数　26
配置集合　12
半群　42

索　引

反射律　15
非アーベル群　47
非可換環　126
非可換群　47
引き起こす　19
非交和　11
左イデアル　146
左合同　69
左剰余類　70
左剰余類分解　70
左零因子　130
標準的全射　18
フェルマー–オイラーの定理　169
フェルマーの小定理　169
複素数体　134
部分環　136
部分環の判定定理　137
部分群　51
部分群の判定定理　52
部分集合　2
部分体　136
分解　99
分配律　123
巾　129
巾集合　12
巾乗　49, 129, 133
巾等元　178
部屋割り論法　8
変換　3
法　35
包含写像　4
補集合　8

ま 行

右イデアル　146
右逆元　49
右合同　68
右剰余類　70
右剰余類分解　70
右零因子　130
右単位元　49
無限位数　50
無限群　50
無限集合　2
モニック多項式　142

や 行

約元　176
約数　26
ユークリッド環　172
ユークリッド整域　172
ユークリッドの互除法　31
有限位数　50
有限群　50
有限集合　2
有限整域　135
有限生成　54
有限体　136
有理関数体　145
有理数体　134
有理整数環　126
要素　1

ら 行

ラグランジュの定理　73
両側イデアル　146
類　14
類別　14

わ 行

和　42
和集合　8
割り切る　26
割り切れる　26

欧　字

p 元体　136

著者略歴

佐藤 篤（さとう あつし）

- 1992年 東北大学大学院理学研究科博士課程後期3年の課程
  中退（1991年 同博士課程前期2年の課程修了）
- 2000年 博士（理学）
- 現 在 東北学院大学教養学部准教授

主要著書
猪狩惺 (編著)，数学ってなんだろう，日本評論社，1997．
訳書 (共訳) R. クランドール，C. ポメランス著（和田秀男監訳），素数全書，朝倉書店，2010．

田谷 久雄（たや ひさお）

- 1993年 早稲田大学大学院理工学研究科数学専攻博士課程
  単位取得退学（1990年 同修士課程修了）
- 1996年 博士（理学）
- 現 在 宮城教育大学教育学部教授

主要著書
訳書 (共訳) J. H. シルヴァーマン，J. テイト著，楕円曲線論入門，丸善出版，2012（シュプリンガー・フェアラーク東京 (1995) の再刊）．

ライブラリ新数学大系＝E12

理工基礎 代数系

2018年 4月10日 ⓒ	初 版 発 行
2022年 9月25日	初版第2刷発行

著 者	佐藤 篤	発行者	森平 敏孝
	田谷 久雄	印刷者	篠倉奈緒美
		製本者	小西 恵介

発行所　株式会社 サイエンス社

〒151-0051 東京都渋谷区千駄ヶ谷1丁目3番25号
営業 ☎ (03) 5474-8500（代）　振替 00170-7-2387
編集 ☎ (03) 5474-8600（代）
FAX ☎ (03) 5474-8900

印刷　(株) ディグ　　製本　(株) ブックアート

《検印省略》

本書の内容を無断で複写複製することは，著作者および出版者の権利を侵害することがありますので，その場合にはあらかじめ小社あて許諾をお求め下さい．

ISBN978-4-7819-1420-6

PRINTED IN JAPAN

サイエンス社のホームページのご案内
http://www.saiensu.co.jp
ご意見・ご要望は
rikei@saiensu.co.jp　まで．